ANDREAS KARASEK

HOBBY HORSING

SPRING-TRAINING

Sprungtechniken – Hindernisarten – Parcours

KOSMOS

INHALT

LarDen
LarDen
LarDen

DEIN HOBBY HORSING SPRINGBUCH

Für alle etwas dabei: Grundlagen für Anfänger, Sprungtechniken für Fortgeschrittene und für Trainer und Trainerinnen eine komplette Anleitung!

Dein Hobby Horsing Spring Coach

Springen im Hobby Horsing ist mehr als Geschwindigkeit und Höhe. Es ist ein Zusammenspiel aus Rhythmus, Mut, technischer Präzision und dem Verständnis für die eigene Bewegung. Als ich zum ersten Mal ein Hindernis mit einem Hobby Horse übersprang, war ich überrascht, wie anspruchsvoll, aber gleichzeitig faszinierend dieser Sport ist.

Das vorliegende Buch **Hobby Horsing Spring-Training** soll dir helfen, Springen im Hobby Horsing sicher, technisch sauber und strukturiert zu erlernen – ganz egal, ob du Anfänger, Fortgeschrittener oder Trainer bist.
Es baut inhaltlich auf den Grundlagen meines Dressurbuchs auf und erweitert sie um alles, was du für erfolgreiches Springtraining brauchst.

Ich wünsche dir viel Freude beim Lesen und vor allem beim Springen!

HINTERGRÜNDE

Hobby Horsing – ein Trend, der um 2005 durch eine Gruppe finnischer Jugendlicher entstand – hat sich in den vergangenen zwei Jahrzehnten zu einer eigenständigen, dynamisch wachsenden Sportart entwickelt. Spätestens seit der Dokumentation „Hobbyhorse Revolution" (2017) erlangte der Sport weltweite Bekanntheit und fand auch in Deutschland immer mehr begeisterte Anhänger. Aus ersten Nachahmern entstanden kleine Trainingsgruppen, daraus

Tipp

Zahlen und Entwickungen sind aus dem Dezember 2025.

Hobby Horser, die für die Realisierung des Buches dabei waren.

Vereine – und bereits ab 2018 boten die ersten deutschen Vereine Hobby Horsing als offizielle Sportart an. Ende 2025 gab es bundesweit schon rund 9.500 aktive Hobby Horser und über 350 Vereine, die diesen Sport fördern. International entwickelt sich Hobby Horsing ebenfalls rasant: In mehr als zehn Ländern existieren inzwischen nationale Verbände. Ende 2024 wurde in Finnland mit der Gründung der IHHF – International HobbyHorse Federation sogar ein weltweiter Dachverband ins Leben gerufen.
In Deutschland markierte die Gründung des Deutschen Hobby Horsing Verbandes (DtHHV) im Jahr 2023 einen bedeutenden Meilenstein. Mit der ersten Deutschen Meisterschaft im September 2024 im Sport- und Freizeitzentrum Kalbach gelangte der Sport durch umfassende Medienberichterstattung erneut in den Fokus der Öffentlichkeit.
Seither überschlagen sich die Entwicklungen im Hobby Horsing regelrecht. In den Jahren 2024 und 2025 entstanden erste Regionalverbände wie der Landesverband Mitteldeutschland, der Landesverband Nord sowie der Landesverband Nordrhein-Westfalen, die sich aktiv für die Weiterentwicklung des Sports engagieren. Im Herbst 2024 fanden erstmals die Westdeutsche und die Mitteldeutsche Meisterschaft statt. Parallel liefen deutschlandweit die Qualifikationsturniere zur 2. Deutschen Meisterschaft und im Juni 2026 folgt sogar schon die erste Europäische Meisterschaft im Hobby Horsing.

Unter allen Disziplinen ist Springen die beliebteste – kein Wunder, denn kaum eine andere verbindet Abwechslung, Dynamik, Präzision und Spannung auf so eindrucksvolle Weise. Es gibt über zwanzig verschiedene Wettbewerbsformen sowie diverse Bewertungssysteme: nach Fehlern/Zeit, nach Wertnote oder nach Punkten. Zudem bietet diese Disziplin für alle Altersklassen passende Herausforderungen. Gerade im Springen gibt es jedoch viele Aspekte, die für ein gesundes, sicheres und freudvolles Training beachtet werden müssen – von Technik über Rhythmus bis hin zu einem sinnvollen Trainingsaufbau.

Dieses Fachbuch ist dein umfassender Begleiter für das Hobby Horsing Springtraining. Hier findest du alle wichtigen Informationen kompakt und praxisnah aufbereitet: von den Grundlagen über die Wettbewerbsarten bis hin zu Hindernisarten, Aufbauprinzipien und ersten Schritten zur Gestaltung eines eigenen Parcours. Machen wir uns gemeinsam auf den Weg – zu sicheren, kreativen und erfolgreichen Sprüngen. Ich wünsche dir viel Freude beim Lesen, Lernen und natürlich viel Erfolg bei deinem Training und Wettbewerben!

Dein Andreas Karasek

Spaß pur:
Alle Hobby Horser
in Aktion

HOBBY HORSING SPRINGEN – BASICS

GRUNDLAGEN

Zahlreiche Regeln, Bewertungskriterien und Disziplinen wurden aus dem Pferdesport übernommen.

Grundlagen

Hobby Horsing unterscheidet sich zwar deutlich vom klassischen Reiten auf echten Pferden, weist jedoch viele Parallelen zum Reitsport auf. Zahlreiche Regeln, Bewertungskriterien und Disziplinen wurden bewusst aus dem Pferdesport übernommen und an die Besonderheiten dieser aktiven Sportart angepasst.

Der wesentliche Unterschied zwischen Reiten und Hobby Horsing besteht darin, dass alle Bewegungen – von der Dressur über Westerndisziplinen bis hin zum Springen – vom Sportler selbst ausgeführt werden. Während im Reitsport das Pferd die Bewegung vorgibt, übernimmt beim Hobby Horsing der Mensch die vollständige körperliche Leistung.
Trotz dieser Nähe zum Reitsport ist Hobby Horsing keineswegs als Ersatz für den Umgang mit echten Pferden gedacht. Vielmehr bietet es eine ausgezeichnete Vorbereitung auf den Reitunterricht und zugleich eine wertvolle Ergänzung. Besonders Kinder und Jugendliche profitieren davon, denn sie lernen spielerisch wichtige Grundlagen wie Bahnfiguren, Zügelhaltung, Regelwerke und die Logik von Turnierabläufen kennen. Durch das bewusste Nachahmen der Bewegungen eines Pferdes entsteht ein körperliches Verständnis für dessen Leistungsfähigkeit. Gleichzeitig motiviert Hobby Horsing zu freiwilliger und freudvoller Bewegung, wodurch der Sport Menschen aller Altersgruppen anspricht. Die große Vielfalt an Hobby Horses – in Form, Größe und Gewicht – ermöglicht zudem eine individuelle Anpassung an das Alter, die Fähigkeiten und das Trainingsziel der jeweiligen Sportler.
Das Training kann nahezu überall stattfinden. In Turnhallen und Reithallen finden Vereine und Gruppen

Tipp
Hobby Horses gibt es in verschiedenen Größen und Gewichtsklassen.

hervorragende Bedingungen, insbesondere wenn feste Trainingsstrukturen oder Parcoursaufbauten geplant sind. Reitplätze und Sportplätze bieten große, ebene Flächen, die sich gut für freie Trainingsformen und Springparcours eignen. Auch ein Garten lässt sich problemlos in eine kleine Trainingsfläche verwandeln, und Geländestrecken im Wald erfreuen sich großer Beliebtheit, weil sie Kondition, Gleichgewicht und Reaktionsfähigkeit fördern. Die Flexibilität des Trainingsortes macht Hobby Horsing zu einer Sportart, die unabhängig von Wetter, Zeit und Infrastruktur betrieben werden kann.

Sportkleidung und Turnschuhe sind die richtige Ausrüstung.

AUSRÜSTUNG

Für das Training spielt die richtige Ausrüstung eine wichtige Rolle. Geeignet sind anliegende, funktionale Sportkleidung und gut sitzende Turnschuhe, die ausreichend Halt bieten und schnelle Richtungswechsel sicher ermöglichen. Lose oder ungeeignete Kleidung – wie Jogginghosen, Röcke, Kleider oder Schuhe ohne Halt, darunter Flipflops, Sandalen oder Absatzschuhe – erhöht das Risiko von Stürzen und sollte unbedingt vermieden werden. Schmuck wie große Ohrringe, Ketten oder Armreifen kann ebenfalls gefährlich werden und sollte während des Trainings abgelegt werden. Lange Haare sollten stets zusammengebunden sein, und fest gebundene Schnürsenkel sind unerlässlich, um Stolperfallen auszuschließen. All diese Maßnahmen dienen nicht nur der Sicherheit, sondern auch der Konzentration und Bewegungsfreiheit während des Springtrainings.

TRAININGSPLATZ

Ein weiterer zentraler Aspekt ist der Trainingsplatz. Der Untergrund sollte möglichst eben sein und weder Löcher noch Steine, Äste oder Wurzeln aufweisen, um Verletzungsrisiken zu minimieren. Besonders geeignet sind Sandböden – sofern sie nicht zu tief sind –, kurz gemähte Wiesenflächen oder

Verschiedene Hindernisarten. Details dazu ab S. 95

gepflegte Sportplätze. Ein gut vorbereiteter Trainingsplatz ist die Voraussetzung für sicheres, sauberes und effektives Springtraining, denn Anlaufwege, Wendungen und Sprünge benötigen ausreichend Platz und gleichmäßigen Boden. Die empfohlene Größe eines Springplatzes beträgt 10 × 20 m, ein Mindestmaß von 6 × 12 m sollte nicht unterschritten werden. Ein größeres Feld ermöglicht größere Abstände zwischen den Hindernissen, wodurch höhere Geschwindigkeiten erreicht werden können. Der Platz muss nicht zwingend rechteckig sein, es ist auch jede andere Form zulässig. Bei Turnieren muss er jedoch klar abgegrenzt sein, um zu verhindern, dass Zuschauer während einer Prüfung über den Platz laufen oder die Reiter versehentlich den Platz verlassen. Die Abgrenzung kann aus niedrigen Planken, Pylonen, Blumenkästen oder alternativ durch Absperrband bestehen.

TRAININGSMATERIALIEN

Die Sprünge sollten nicht zu schwer sein und die Stangen eine maximale Stärke von 3 cm aufweisen, wobei eine minimale Stärke von 1,5 cm nicht unterschritten werden sollte.
Die Stangen müssen jederzeit leicht fallen können, mindestens in die Richtung, in die das Hindernis übersprungen wird, besser zu beiden Seiten.
Die Stangenauflagen dürfen keine Verletzungsgefahr darstellen.
Am besten eignen sich für das Training leichte Hürden, die aus 2 Füßen und 3 Stangen mit Stangenauflagen bestehen. Diese sind leicht, gut zu verstauen und stabil. Durch sogenannte Leitern als Verstellsystem können die Stangen schnell um jeweils 5 cm in der Höhe verstellt werden. Mit diesen Sprüngen können viele verschiedene Hindernisarten gestellt werden.
Wer kreativ ist, schneidet sich eine blaue Plane o. Ä. zurecht, um mit einem der Sprünge einen überbauten

Beispiel für einen überbauten Wassergraben

Wassergraben zu bauen. Hier muss natürlich gewährleistet werden, dass die Hobby Horser nicht auf der Plane ausrutschen können.
Wer einen Parcours aufbaut und die Hindernisse nummerieren möchte, kann Pylonen mit Zahlenaufklebern versehen oder andere Schilder basteln. Die Zahlen stehen immer auf der rechten Seite des Hindernisses und auf der Seite, von der das Hindernis übersprungen wird. Kombinationen werden zusätzlich zur Zahl noch mit den Buchstaben a und b und evtl. noch c beschildert.
Zusätzlich eignen sich Pylonen und Bodenstangen für das Training.

Begriffe

Höhe: Die zu überwindende Höhe wird von der Oberkante der obersten Abwurfstange zum Boden gemessen.
Breite: Die Breite bezeichnet das Quermaß des Hindernisses.
Tiefe: Die Tiefe ist z. B. bei einem Oxer der Abstand der beiden äußersten Stangen, von der jeweiligen Außenseite gemessen.
Weite: Die Weite ist z. B. bei einem Graben die zu überspringende Weite.

AUFWÄRMEN

Von besonderer Bedeutung ist das Aufwärmen, das im Hobby Horsing oft unterschätzt wird, aber eine grundlegende Voraussetzung für gesundes und leistungsfähiges Springen darstellt. Da Hobby Horsing ein Kraft-, Schnelligkeits- und Beweglichkeitssport ist, müssen Muskeln, Kreislauf und Gelenke schrittweise auf die Belastung vorbereitet werden. Ein gutes Aufwärmprogramm beginnt mit lockerem Gehen und aktivierenden Laufübungen. Anschließend folgen Mobilisation und dynamisches Dehnen, bevor die Belastung schrittweise durch schnelles Gehen oder leichtes Joggen gesteigert wird, bis der Körper nach einigen Minuten schließlich durch kurze Sprints, Hopserlauf und flüssige Übergänge in höhere Geschwindigkeiten auf das Springtraining eingestimmt ist. Diese drei Stufen sorgen für eine optimale Durchblutung, aktivieren die Muskulatur und verbessern die Koordination, wodurch das Verletzungsrisiko deutlich verringert wird.

Auch wenn du am liebsten gleich über die Hindernisse springen möchtest, lohnt es sich, kurz Geduld zu haben. Das beschriebene Aufwärmprogramm hilft dir dabei, gut ins Training zu starten und dich bereit fürs Springen zu fühlen. Wenn du dir dafür ein paar Minuten Zeit nimmst und die Reihenfolge einhältst, läuft das Training oft runder und macht mehr Spaß. Du bist beweglicher, fühlst dich sicherer und kannst dich besser auf die Sprünge konzentrieren. So wird jede Einheit ein gutes Erlebnis und bringt dich Schritt für Schritt weiter.

1. Fußgelenke kreisen – gemeinsam ins Aufwärmen starten

2. Streck- und Reckübungen zur Vorbereitung auf das Training

1

2

SPORTMOTORISCHE FÄHIGKEITEN

Hobby Horsing ist eine Sportart, in der nahezu alle sportmotorischen Fähigkeiten geschult werden. Gleichzeitig erfordert besonders das Springen eine solide Grundfitness, da der Körper in sehr kurzer Zeit Kraft, Schnelligkeit und Koordination kombinieren muss. Wer gut aufgewärmt ins Training geht, schützt nicht nur seine Gelenke und Muskeln, sondern verbessert auch seine Leistungsfähigkeit und Bewegungsqualität. Sportmotorische Fähigkeiten bilden die Grundlage dafür, Bewegungen kontrolliert, effizient und kraftvoll auszuführen. Die Kraft stellt dabei die Fähigkeit dar, Widerstände zu überwinden oder ihnen entgegenzuwirken. Sie zeigt sich im Hobby Horsing vor allem in der Sprungkraft, der Schnellkraft und der Kraftausdauer – also in der Fähigkeit, wiederholt dynamische Bewegungen zu bewältigen. Die Ausdauer beschreibt die Belastungsverträglichkeit über einen längeren Zeitraum hinweg. Sie ist etwa beim Springen, bei Dressuraufgaben, bei einer Kür oder bei einer Geländestrecke gefordert. Koordination wiederum ist die Fähigkeit, Bewegungen sicher, präzise und harmonisch zu steuern. Für das Hobby Horsing bedeutet dies, dass Gleichgewicht, Rhythmus, Reaktionsvermögen und eine feine Bewegungswahrnehmung ständig zusammenspielen müssen. Schnelligkeit ist die Fähigkeit, Bewegungen in sehr kurzer Zeit auszuführen, und umfasst Reaktions- wie auch Bewegungsschnelligkeit. Sie wird besonders beim Sprinten, beim Absprung und beim Weiterlaufen nach dem Sprung benötigt. Die Beweglichkeit beschreibt schließlich die Fähigkeit, Bewegungen in einem großen Gelenkspielraum auszuführen. Sowohl aktive als auch passive Beweglichkeit sind im Hobby Horsing wichtig, etwa bei den Gangarten, in der Dressur oder in der Sprungtechnik.

Übung im Liegen zur Aktivierung von Rumpf und Oberkörper

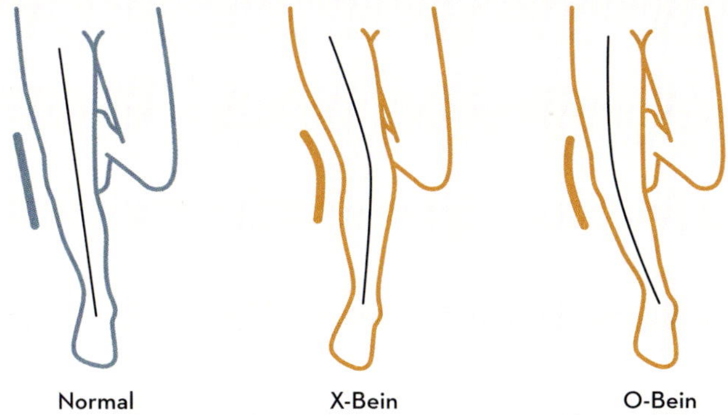

Die Abbildung zeigt eine normale Beinstellung sowie X-Bein- und O-Bein Form.

VERLETZUNGEN VERMEIDEN

Weil all diese Fähigkeiten gleichzeitig beansprucht werden, ist das Verletzungsrisiko bei unzureichender Vorbereitung erhöht. Die größten Gefahren im Hobby Horsing entstehen durch Übermüdung oder Überbelastung. Eine gut strukturierte Trainingsstunde berücksichtigt dies, indem sie den Belastungshöhepunkt auf etwa ein Drittel der Gesamtzeit beschränkt. Bei einer Stunde Training sollten die intensivsten Übungen daher nicht länger als ungefähr zwanzig Minuten dauern. Häufige Verletzungen im Hobby Horsing sind Muskelzerrungen, Bänderdehnungen oder -risse, Überlastungsschäden und Verletzungen durch Stürze oder Fehltritte. Besonders Knieverletzungen treten häufig auf, meist verursacht durch ein falsches Aufkommen nach dem Sprung, durch harte Untergründe oder durch zu wenig Aufwärmen.
Das korrekte Landen ist daher eine zentrale Technik, die sowohl durch gezielten Muskelaufbau als auch durch wiederholte Bewegungsabläufe trainiert wird.
Ein einfacher Test kann helfen, das individuelle Risiko für Knieverletzungen einzuschätzen. Dabei springt die Sportlerin oder der Sportler von

Tipp

Lieber sauber als hastig – so fühlst du dich sicherer.

Tempo beeinflusst Absprung und Landung maßgeblich.

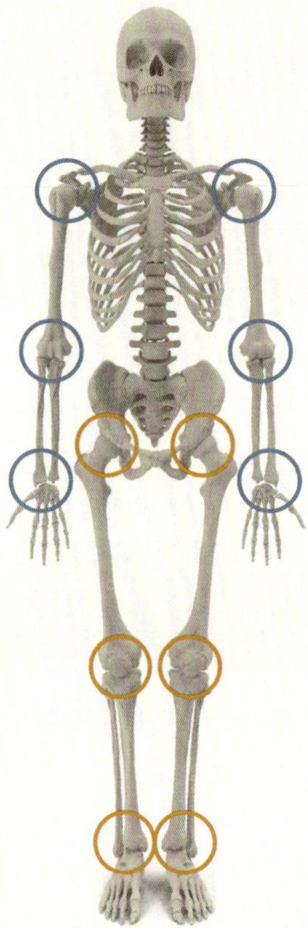

Die orangenen Kreise zeigen die meist beanspruchten Gelenke.

einem kleinen Kasten herab und landet einbeinig. Die Stabilität beim Landen zeigt deutlich, ob eine erhöhte Anfälligkeit für Knieverletzungen besteht. Eine saubere Beinachse und kontrollierte Landebewegungen reduzieren dieses Risiko erheblich.

Ebenso wichtig wie die Technik ist der Untergrund, auf dem trainiert wird. Für Sprungeinheiten eignet sich ein leicht nachgebender Boden, der den Aufprall abfedert und die Gelenke schützt. Besonders geeignet sind Rasen oder Kunstrasen, fester Sand oder Reitplatzboden, Turnhallenböden sowie andere gepflegte Sportböden im Außenbereich. Bedingt geeignet sind gewachste Hallenböden, Sand-Kies-Gemische oder Teppichschnipselböden. Nicht geeignet für das Springtraining sind gepflasterte Flächen, geteerte Straßen oder Plätze, Kies, Rollsplittböden, glatte Böden wie Parkett sowie unebene oder sehr tiefe Untergründe. Zu harte Böden erhöhen die Belastung auf Knie, Sprunggelenk und Hüfte, während zu weiche Böden die Landung instabil machen können.

Die Skizze verdeutlicht, welche Gelenke beim Springen unterschiedlich stark beansprucht werden. Blau markiert sind Schulter-, Ellenbogen- und Handgelenk, die beim Springen mitarbeiten, jedoch weniger im Belastungsfokus stehen. Rot hervorgehoben sind Hüftgelenk, Kniegelenk und Sprunggelenk. Diese drei Gelenkbereiche übernehmen die Hauptarbeit bei Absprung, Flugphase und Landung. Um Überlastungen vorzubeugen, ist es wichtig, diese

Zusammenhänge zu kennen und Bewegungen bewusst auszuführen. Sprungtechniken, typische Fehlbilder, Trainingsmethodik für Anfänger und Fortgeschrittene sowie die richtige Belastungssteuerung werden jeweils in eigenen Kapiteln ausführlich beschrieben. So kannst du gezielt nachschlagen, was du gerade brauchst und dein Training passend aufbauen. Ein bewusster Umgang mit den eigenen Gelenken ist somit ein wichtiger Bestandteil eines gesunden Springtrainings. Wer versteht, welche Körperbereiche besonders gefordert sind, kann sein Training besser einschätzen, gezielter aufbauen und langfristig Freude am Hobby Horsing behalten.

Beim Absprung wird Kraft gezielt in die Bewegung umgesetzt

GRUNDTECHNIKEN UND TRAININGSMETHODIK

LarDen
HOBBY HORSE
LarDen

BEWEGUNGSABLÄUFE

Beim Springen im Hobby Horsing treffen Dynamik und Technik aufeinander.

Bewegungsabläufe

Das Springen im Hobby Horsing verbindet technische Präzision mit dynamischen Bewegungsabläufen und erfordert ein feinfühliges Zusammenspiel mehrerer sportmotorischer Fähigkeiten.

Die Grundtechniken des Springens bilden die Basis für alle weiteren Trainingsformen, ganz gleich, ob es sich um niedrige Hürden, Kombinationen, Distanzen oder höhere Hindernisse handelt. Eine solide Technik ermöglicht nicht nur erfolgreiches und ästhetisches Springen, sondern schützt zugleich vor Überlastung und Verletzungen.
Der Sprung lässt sich in vier Hauptphasen unterteilen: den Anlauf, den Absprung, die Flugphase und die Landung. Jede dieser Phasen erfüllt eine eigene Funktion und setzt bestimmte Bewegungsabläufe voraus, die sauber miteinander verbunden sein müssen, damit der Sprung harmonisch, kraftvoll und sicher gelingt.

ANLAUF

Der Anlauf bildet den Einstieg in den Sprung und entscheidet über Rhythmus, Geschwindigkeit und Absprungpunkt. Ein gut gewählter Anlauf sollte flüssig, kontrolliert und gleichmäßig sein. Dabei ist es wichtig, dass der Sportler nicht zu schnell, aber auch nicht zu langsam auf das Hindernis zuläuft. Eine moderate Geschwindigkeit ist ausreichend, um die nötige Energie für den Absprung zu erzeugen, ohne die Kontrolle zu verlieren.
Der Körper sollte in einer aufrechten, leicht nach vorne ausgerichteten Haltung bleiben. Während des Anlaufs sind die Schritte gleichmäßig gesetzt, und das Hobby Horse wird stabil zwischen den Beinen geführt.

Der Anlauf bestimmt Rhythmus und Absprungpunkt.

1

2

Die Arme und Hände, die beide Zügel halten, bilden eine natürliche Verlängerung des Oberkörpers und unterstützen das Gleichgewicht. Kurz vor dem Hindernis beginnt der Rhythmus entscheidend zu werden: Der Sportler muss erkennen, welcher Schritt ihn optimal in den Absprung führt. Diese Einschätzung erfordert Erfahrung, ein gutes Gefühl für Distanzen und eine stabile Schrittfrequenz.

ABSPRUNG

Der Absprung stellt den kraftvollsten Moment des Sprungs dar. Hier wandelt der Körper die Bewegungsenergie des Anlaufs in eine vertikale Kraft um. Für einen korrekten Absprung sollten Knie und Hüfte gleichzeitig gebeugt und anschließend explosiv gestreckt werden. Diese koordinierte Streckbewegung erzeugt die nötige Höhe und Weite. Der Oberkörper bleibt dabei ruhig, aber aktiv, leicht nach vorne geneigt und stabilisiert durch eine feste Rumpfmuskulatur. Der Blick richtet sich nach vorne, nicht auf das Hindernis selbst, sondern auf einen Punkt dahinter. Dadurch bleibt die Körperhaltung in der Flugphase stabil, und der Sprung wirkt fließend. Das Hobby Horse bleibt während des Absprungs fest zwischen den Beinen, und die Hände bleiben dicht am Zügel, ohne dabei Spannung durch ruckartige Bewegungen aufzubauen. Ein kraftvoller Absprung erfolgt überdas Sprungbein, während eine guttrainierte Rumpfmuskulatur in derFlugphase für Stabilität und eine kontrollierte Körperhaltung sorgt.

3

FLUGPHASE

Die Flugphase ist im Hobby Horsing naturgemäß kürzer als im Reitsport, aber dennoch entscheidend. Sie ist weniger ein aktives Handeln als vielmehr ein Ergebnis der vorangegangenen Vorbereitung. Ein gut vorbereiteter Absprung führt automatisch zu einer ruhigen, kontrollierten Flugphase. Der Körper sollte dabei weder unnötig nach hinten ausweichen, noch in sich zusammensacken. Eine stabile Rumpfspannung hält den Körper während der Flugphase in einer harmonischen Linie. Gleichzeitig sollte der Oberkörper leicht nach vorne geneigt bleiben, wodurch die Landung sanfter abläuft und die Gelenke optimal vorbereitet werden. Ein kontrollierter Flug ist weniger eine Frage der Höhe, sondern vielmehr der Ausrichtung und Körperspannung.

LANDUNG

Die Landung ist schließlich der technisch kritischste Moment des Sprungs. Hier wirken die höchsten Kräfte auf Knie, Sprunggelenke und Hüfte. Eine saubere Technik ist daher entscheidend für die langfristige Gesundheit der Sportler. Die Landung sollte grundsätzlich auf dem Mittelfuß oder leicht vorfußbetont erfolgen, da diese Technik die natürliche Federung des Körpers unterstützt. Das Knie sollte beim Aufkommen nicht nach innen oder außen kippen, sondern in einer stabilen, leicht gebeugten Achse bleiben. Der Oberkörper richtet sich beim Landen nicht ruckartig auf, sondern bleibt zunächst leicht nach vorne geneigt, sodass die Energie der Landung über den gesamten Körper abgefangen wird. Ein Fehler, der häufig beobachtet wird, ist ein zu tiefes Einsinken in Hüfte und Knie, wodurch die Belastung unnötig erhöht wird. Stattdessen sollte die Landung aktiv abgefedert werden, indem die Gelenke in einer kontrollierten Bewegung nachgeben. Nach der Landung sollte der Hobby Horser direkt wieder in einen flüssigen Galopp übergehen, sofern der Parcours dies erfordert. Dadurch bleibt der Rhythmus erhalten, und der nächste Sprung kann effektiv vorbereitet werden.

1. Absprung mit guter Körperspannung (Hobby-Horse-Haltung nicht optimal).

2. In der Flugphase sorgt Körperspannung für Stabilität und Kontrolle.

3. Eine saubere Landung sorgt für Stabilität nach dem Sprung.

Tipp
Liegestützen stärken die Rumpfmuskulatur.

LINIENFÜHRUNG

Ein zentrales Element der Grundtechniken ist die Linienführung.
Sie beschreibt die Lauflinie, auf der der Sportler ein Hindernis anläuft und verlässt. Eine gute Linienführung bedeutet, in harmonischen Bögen zu laufen, unnötige Richtungswechsel zu vermeiden und die Distanz zwischen den Sprüngen sinnvoll einzuschätzen. Eine präzise Linienführung erleichtert den Absprungpunkt, unterstützt die Orientierung im Parcours und sorgt für flüssige Abläufe. Gleichzeitig trägt sie maßgeblich zur Sicherheit bei, da scharfe Winkel oder hektische Korrekturen die Verletzungsgefahr erhöhen.
Ebenso wichtig ist die Körperspannung. Eine stabile Körpermitte unterstützt sowohl den Absprung als auch die Flug- und Landungsphase. Die Rumpfmuskulatur dient dabei als zentraler Stabilisator, der verhindert, dass der Oberkörper unkontrolliert kippt oder verdreht. Die Arme übernehmen eine unterstützende, nicht führende Rolle. Sie halten die Zügel ruhig, sorgen für Balance und dürfen nicht zur Abstützung oder zum Schwunggeben genutzt werden.
Im Training der Grundtechniken kommt es darauf an, diese Elemente zunächst getrennt zu üben und später in flüssige Gesamtbewegungen zu integrieren. Der Prozess ähnelt dem Erlernen des Springens im Reitsport, nur dass die Bewegungen hier vom eigenen Körper anstelle eines Pferdes ausgeführt werden. Mit der Zeit entsteht ein Gefühl für Rhythmus, Timing und Bewegungsfluss. Dieses Gefühl ist die Basis für alle weiterführenden Techniken, wie Kombinationen, Distanzen oder höhere Hindernisse.
Die Grundtechniken des Springens bilden somit das Fundament für jedes Hobby-Horsing-Springtraining. Sie vermitteln nicht nur Sicherheit und Bewegungsökonomie, sondern ermöglichen es den Sportlern, später anspruchsvolle Parcours mit Eleganz, Kraft und Präzision zu bewältigen. Wer früh lernt, wie Anlauf, Absprung und Landung harmonisch ineinandergreifen, schafft die Grundlagen für nachhaltigen sportlichen Erfolg und lange Freude am Springen.

TECHNIK BEI ABSPRUNG UND LANDUNG

Der Absprung und die Landung gehören zu den wichtigsten und gleichzeitig anspruchsvollsten Elementen des Springtrainings im Hobby Horsing. Beide Bewegungsphasen bestimmen maßgeblich die Qualität, Kontrolle und Stabilität des gesamten Sprungablaufs. Während der Anlauf das Tempo und den Rhythmus vorgibt, bündelt der Absprung die Bewegung kraftvoll und die Landung entscheidet über

Stabilität, Verletzungsprävention und den Übergang zur nächsten Bewegung. In beiden Phasen wirken deutliche Kräfte auf den Körper, weshalb eine solide biomechanische Grundlage unerlässlich ist. Besonders im Hobby Horsing, wo der Sportler die Rolle des Pferdes vollständig übernimmt, ist eine technisch saubere Ausführung entscheidend, um Belastungen angemessen zu verteilen und die Gelenke langfristig zu schützen. Der Absprung beginnt bereits im letzten Drittel des Anlaufs, wenn der Sportler seinen Körper bewusst auf die Sprungbewegung vorbereitet.

Ein wirkungsvoller Absprung beruht auf einer harmonischen Kombination aus Geschwindigkeit, Körperspannung und einer präzisen Beugungs-Streckbewegung in Knie- und Hüftgelenk. Kurz vor dem Hindernis senkt sich der Körperschwerpunkt leicht ab. Dies geschieht nicht durch ein tiefes Einsinken, sondern durch eine kontrollierte, dynamische Beugung der Knie und Hüften. Dieser Moment ist die sogenannte Vorspannung: Die Muskulatur, insbesondere die Oberschenkel- und Gesäßmuskulatur, speichert Energie, die im Augenblick des Absprungs freigesetzt wird.

Hobby Horser kurz vor der Landung

1

2

3

1. Absprung in der Seitenansicht

2. Übergang vom Absprung in die Flugphase

3. Vorbereitung auf eine kontrollierte Landung

Die Fersen sollten dabei nicht komplett auf den Boden kommen, sondern der Sportler arbeitet hauptsächlich über den Vor- und Mittelfuß. Dadurch bleibt die Sprungbewegung elastisch und erleichtert die aktive Kraftübertragung.

Der eigentliche Absprung erfolgt durch eine explosive Streckung der Beine. Knie und Hüfte strecken sich gleichzeitig, und der Körper wird in einer flüssigen, kraftvollen Bewegung nach oben und leicht nach vorne katapultiert. Eine zentrale Rolle spielt hierbei die Rumpfmuskulatur. Sie stabilisiert den Oberkörper, verhindert unnötige Rotation und hilft, den Körper während der Flugphase in einer sicheren Haltung zu halten. Gleichzeitig bleibt der Blick auf den Punkt hinter dem Hindernis gerichtet, was die Körperausrichtung stabilisiert und ein zu frühes „Nach-unten-Schauen" verhindert. Die Arme bleiben dabei ruhig am Körper und halten die Zügel in einer stabilen Position. Sie dienen nicht der Schwungerzeugung, sondern unterstützen das Gleichgewicht. Ein sauberer Absprung wirkt nach außen leicht und mühelos, obwohl er biomechanisch eine hochkomplexe Kette aus aufeinander abgestimmten Muskelfunktionen darstellt.

Die Flugphase zwischen Absprung und Landung ist im Hobby Horsing relativ kurz, dennoch hat sie einen wichtigen biomechanischen Zweck. In dieser Phase wird die kinetische Energie, die im Absprung erzeugt wurde, in Höhe und Weite umgesetzt. Der Körper sollte dabei weder seitlich ausweichen noch übermäßig ins Hohlkreuz fallen oder nach hinten kippen. Eine konstante Rumpfspannung hält die Wirbelsäule stabil und sorgt dafür, dass die Landung kontrolliert erfolgt. Viele Sportler unterschätzen die Bedeutung dieser kurzen Phase und verlieren dadurch unnötig Energie oder Stabilität. Doch gerade hier zeigt sich, ob der Absprung korrekt vorbereitet wurde, denn eine falsch ausgeführte Streckbewegung oder ein unruhiger Oberkörper führt schnell zu einer instabilen Landung.

Die Landung ist die kritischste Phase des Sprungablaufs, da sie die höchsten Stoßkräfte auf den Bewegungsapparat wirken lässt. Während beim Absprung die Energie aktiv erzeugt wird, muss sie bei der Landung kontrolliert abgefangen werden. Eine technisch saubere Landung beginnt mit einer bewussten Körperausrichtung während der Flugphase. Der Sportler sollte möglichst auf dem Mittelfuß oder leicht vorfußbetont landen, da diese Technik die natürliche Federwirkung der Sprunggelenke und der Achillessehne unterstützt. Das Knie ist beim Aufkommen leicht gebeugt und stabil in der Achse ausgerichtet. Eine stabile Beinachse bedeutet, dass Knie, Fuß und Hüfte eine gerade Linie bilden und das Knie weder nach innen (X-Bein-Position) noch nach außen wegknickt. Dieser Punkt ist besonders wichtig, da eine instabile Beinachse zu den häufigsten Ursachen für Knieverletzungen gehört.

Die Landung wird durch die kontrollierte Beugung der Knie- und Hüftgelenke abgefedert. Die Gelenke geben nach, ohne dass der Sportler tief in sich zusammensackt. Das Ziel ist eine elastische, dynamische Abfederung, die die auftretenden Kräfte gleichmäßig verteilt. Je stabiler der Rumpf während der Landung gehalten wird, desto weniger unnötige Belastung wirkt auf die Wirbelsäule und die unteren Extremitäten. Fehler wie ein abruptes Aufrichten des Oberkörpers, das Landen auf der Ferse oder ein instabiles Knie führen zu hoher Belastung und erhöhen das Verletzungsrisiko deutlich. Eine gute Landetechnik ist daher nicht nur für die Gesundheit wichtig, sondern auch

Tipp

Ein guter Absprung erleichtert eine stabile Landung.

für die Effizienz des gesamten Parcourslaufs. Wer weich und stabil landet, kann den Bewegungsfluss sofort wieder aufnehmen und ohne Verzögerung in den nächsten Schritt oder Sprung übergehen. Biomechanisch betrachtet ist die Landung eine komplexe Abfolge aus exzentrischer Muskelarbeit, Gelenkstabilisation und aktiver Rumpfkontrolle. Im Hobby Horsing wirken Kräfte von einem Vielfachen des eigenen Körpergewichts auf die Gelenke. Die Art und Weise, wie diese Kräfte abgefangen werden, entscheidet darüber, ob der Bewegungsapparat langfristig entlastet oder geschädigt wird. Der Untergrund spielt dabei eine wesentliche Rolle. Je härter der Boden, desto größer die Stoßbelastung. Ein federnder Untergrund wie Rasen, fester Sand oder ein Sporthallenboden unterstützt die Gelenke und hilft, die Kräfte zu reduzieren. Harte Böden wie Asphalt, Beton oder Pflaster sind dagegen ungeeignet und erhöhen das Risiko für Überlastungs- und Stoßverletzungen erheblich.
Absprung und Landung sollten im Training gezielt geübt und isoliert betrachtet werden, bevor sie in einen vollständigen Sprungablauf integriert werden. Häufig beginnt man mit Sprüngen auf niedrige Hindernisse, bei denen die Bewegung sauber und kontrolliert ausgeführt werden kann. Mit zunehmender Routine verbessert sich das Timing, die Kraftübertragung wird effizienter und die Körperspannung stabiler. Ein sauberer Absprung führt zu einer stabilen Flugphase, und eine stabile Flugphase erlaubt eine sichere Landung. Beide Phasen hängen eng zusammen und verstärken sich gegenseitig. Wer in beiden Phasen technisch sauber arbeitet, springt nicht nur sicherer, sondern auch eleganter und mit deutlich weniger Kraftaufwand.
In der Gesamtschau sind Absprung und Landung nicht nur technische Elemente, sondern zentrale Bausteine der biomechanischen Grundlagen des Hobby-Horsing-Springens. Sie verbinden sportwissenschaftliches Wissen mit praktischer Bewegungserfahrung und bilden die Voraussetzung für anspruchsvolle Sprünge, komplexe Parcours und langfristige Trainingsfortschritte. Ein tiefes Verständnis dieser beiden Bewegungsphasen und eine konsequente technische Schulung bilden die Basis für Leistungsfähigkeit, Körpergesundheit und Freude an diesem dynamischen Sport.

Tipp

Lerne erst die Grundtechnik und dann Höhe.

Hobby Horser in der Flugphase

BIOMECHANIK IM SPRINGEN

Die Biomechanik des Springens im Hobby Horsing beschreibt das Zusammenspiel von Kräften, Bewegungen und Körperstrukturen, das notwendig ist, um einen Sprung effizient, sicher und technisch sauber auszuführen. Da der Sportler die Bewegungen eines Pferdes vollständig selbst reproduziert, ist die biomechanische Belastung intensiver und direkter, als es bei vielen anderen Sportarten der Fall ist. Jede Phase des Sprungablaufs – Anlauf, Absprung, Flug und Landung – folgt eigenen physikalischen Gesetzmäßigkeiten und stellt spezifische Anforderungen an Muskulatur, Gelenke und das neuromuskuläre System. Ein Verständnis dieser Zusammenhänge ermöglicht nicht nur eine elegantere und kraftsparendere Technik, sondern trägt wesentlich dazu bei, langfristige Überlastungen und Verletzungen zu vermeiden. Im Zentrum des biomechanischen Geschehens steht der menschliche Körper als federndes, elastisches System. Die Fähigkeit, beim Springen Energie zu speichern und wieder freizusetzen, ist ein grundlegendes Prinzip des sogenannten Dehnungs-Verkürzungs-Zyklus (DVZ). Dieser Zyklus beschreibt, wie Muskeln und Sehnen zunächst gedehnt werden, um anschließend elastische Energie freizusetzen, die den Absprung kraftvoller macht. Besonders die Muskulatur des Oberschenkels, der Waden und des Gesäßes spielt hier eine wesentliche Rolle. Beim Annähern an das Hindernis wird der Körperschwer-

1 **2**

1. Beim Absprung sind die Arme hier zu hoch und stören die Körperbalance.

2. Mit ruhigen Armen nah am Körper bleibt die Balance stabil.

punkt leicht abgesenkt, wodurch die Beinmuskulatur vorgedehnt wird. In genau diesem Moment entsteht der energetische „Vorspannungszustand", der für den explosiven Absprung benötigt wird. Ein sauberer Absprung nutzt diese gespeicherte Energie effizient aus und ermöglicht eine harmonische, kraftvolle Streckung.

Die Körperspannung bildet ein weiteres zentrales biomechanisches Prinzip. Sie stabilisiert den Körper in allen Bewegungsphasen und sorgt dafür, dass Kräfte nicht unkontrolliert auf einzelne Körperteile wirken. Besonders die Rumpfmuskulatur fungiert dabei als zentraler Stabilisator. Ein stabiler Rumpf sorgt für eine klare Kraftübertragung von den Beinen über den gesamten Körper und verhindert ungewollte Rotationen oder seitliche Ausweichbewegungen. Während des Absprungs hält die Rumpfmuskulatur den Oberkörper in einer leicht nach vorne orientierten Position, sodass der Schwerpunkt optimal über den Beinen bleibt. In der Flugphase stabilisiert sie die Wirbelsäule und schützt diese vor einem Überstrecken oder Hohlkreuz. Die Körperspannung beeinflusst zudem maßgeblich die Landung, da nur ein aktiver Rumpf die Kraft des Aufpralls gleichmäßig im Körper verteilen kann.

Die Beinachse spielt in der Biomechanik des Springens eine besondere Rolle. Sie beschreibt die Ausrichtung von Hüfte, Knie und Fuß in einer geraden, stabilen Linie. Eine korrekte Beinachse sorgt dafür, dass Kräfte symmetrisch und kontrolliert aufgenommen werden. Sobald das Knie nach innen oder außen ausbricht, entstehen ungleichmäßige Belastungen, die zu Überdehnungen oder Verletzungen führen können. Besonders die Landung ist ein Moment hoher Gelenkbelastung, da die Stoßkräfte ein Vielfaches des eigenen Körpergewichts erreichen können. Die stabilisierende Muskulatur rund um Hüfte und Knie – insbesondere die Abduktoren und die äußere Oberschenkelmuskulatur – muss hier stark und reaktiv genug sein, um das Knie in der Linie zu halten. Ein sauberer Absprung und eine saubere Landung basieren biomechanisch auf der Fähigkeit, die Beinachse in allen Phasen stabil zu steuern.
Die Rolle der Gelenke im Springen lässt sich in ihrer jeweiligen Funktion deutlich unterscheiden. Das Sprunggelenk wirkt als primärer Stoßdämpfer. Es ermöglicht eine elastische Landung und hilft, den Körper durch eine kontrollierte Beugung und Streckung sanft abzubremsen. Das Kniegelenk übernimmt sowohl federnde als auch stabilisierende Aufgaben. Seine Beugung und Streckung steuern die Kraftübertragung, während die seitliche Stabilität vor Fehlbelastungen schützt. Das Hüftgelenk schließlich ist der kraftvollste Motor des Absprungs. Es erzeugt durch die Streckbewegung einen Großteil der vertikalen Sprungkraft und stabilisiert den Körper durch seine großen Muskelgruppen. Hüfte, Knie und Sprunggelenk bilden zusammen eine dreigliedrige biomechanische Kette, deren koordiniertes Zusammenspiel über Qualität und Sicherheit des Sprungs entscheidet. Ein weiterer biomechanischer Faktor ist die Position des Körperschwerpunktes. Der Schwerpunkt beschreibt den Punkt, an dem die gesamte Masse des Körpers zusammengefasst

Zu weit abgespreizte Ellbogen stören die Körperbalance.

betrachtet werden kann. Während des Anlaufs bewegt sich der Schwerpunkt in einer relativ stabilen, horizontalen Linie. Beim Absprung wird diese Linie unterbrochen, indem der Schwerpunkt durch die Streckung der Beine nach oben verlagert wird. Je stabiler der Körper, desto gleichmäßiger bewegt sich der Schwerpunkt in einer flachen, runden Flugkurve. Schwankungen – etwa durch einen nach hinten kippenden Oberkörper oder unruhige Armbewegungen – verändern die Flugbahn und führen zu unsauberen Landungen. Die Biomechanik zeigt hier deutlich, dass ein kontrollierter Schwerpunkt das Ergebnis sauberer Bewegungsmuster ist, nicht umgekehrt.

Auch die Bodenreaktionskräfte sind ein wichtiger Bestandteil der biomechanischen Analyse. Sie beschreiben die Kraft, die vom Boden auf den Körper zurückwirkt. Beim Absprung wirken diese Kräfte nach oben; beim Landen wirken sie in die entgegengesetzte Richtung und müssen durch die Muskulatur abgefedert werden. Ein harter Boden führt dazu, dass diese Kräfte nahezu ungedämpft in die Gelenke geleitet werden, während ein elastischer, leicht nachgebender Untergrund die Belastung reduziert. Ein tiefer Sandboden wiederum nimmt zu viel Energie auf und erschwert einen stabilen Absprung. Darum ist der richtige Boden ein entscheidender Sicherheitsfaktor im Hobby Horsing:

1. Die Blickrichtung beeinflusst die Körperhaltung und damit die Qualität der Landung.

2. Eine beidbeinige Landung verhindert flüssige Übergänge nach dem Sprung.

1

2

1

2

1. Schiefer Absprung und fehlende Körperspannung

2. Ein sauberer Absprung ermöglicht eine geschmeidige Flugphase und einen flüssigen Übergang.

Er beeinflusst die Biomechanik unmittelbar und verändert die Qualität der Kraftübertragung.
Die Armhaltung und Zügelführung mögen im Vergleich zu den unteren Extremitäten eine geringere Rolle spielen, dennoch tragen sie ebenfalls zur biomechanischen Gesamtstabilität bei. Die Arme halten den Oberkörper in der Balance und verhindern übermäßige Rotationen. Eine ruhige, kontrollierte Armhaltung wirkt wie ein Gegengewicht und unterstützt die Rhythmuskontrolle. Wird der Oberkörper instabil, zeigt sich dies oft durch hektische Armbewegungen, die biomechanisch kompensatorische Reaktionen darstellen und auf eine unzureichende Rumpfstabilität hinweisen.

Zusammengefasst zeigt die Biomechanik des Springens, dass ein sauberer Sprung kein Zufallsprodukt, sondern das Ergebnis eines harmonischen Zusammenspiels vieler Körperfunktionen ist. Kraft, Koordination, Stabilität, Gelenkführung, Körperspannung und Timing wirken gleichzeitig und beeinflussen einander.
Ein Verständnis dieser Mechanismen schafft die Grundlage für eine effiziente, verletzungsfreie und ästhetische Sprungtechnik. Je besser ein Sportler seine Bewegungsmuster versteht, desto leichter wird es ihm fallen, seine Technik zu verbessern und die körperlichen Anforderungen des Hobby Horsing gesund und erfolgreich zu bewältigen.

FEHLBILDER ERKENNEN – TECHNIK VERBESSERN

Häufige Bewegungsfehler und ihre Auswirkungen auf Technik, Landung und Weiterreiten

Häufige Fehlerbilder im Springen

Das Springen im Hobby Horsing ist eine technisch anspruchsvolle Bewegung, bei der viele sportmotorische Fähigkeiten gleichzeitig gefordert sind. Gerade weil der Sportler die Rolle des Pferdes vollkommen selbst übernimmt, treten typische Fehlerbilder deutlich häufiger auf als im Reitsport, wo das Pferd Teile der Bewegung mitträgt.

Das Erkennen und Verstehen von Fehlern ist ein zentraler Bestandteil methodischer Trainingsarbeit, denn Fehlhaltungen oder ungünstige Bewegungsabläufe führen nicht nur zu Leistungseinbußen, sondern erhöhen auch das Risiko von Verletzungen.
Ein feines Bewusstsein für die häufigsten Fehler hilft sowohl Trainern als auch Sportlern dabei, Bewegungen bewusster auszuführen und langfristig eine saubere, ökonomische und sichere Technik zu entwickeln.
Einer der häufigsten Fehler im Springen ist ein falsch gewählter oder unruhiger Anlauf. Viele Sportler laufen zu schnell auf das Hindernis zu, was dazu führt, dass sie die Kontrolle über ihre Schrittfrequenz verlieren und den Absprungpunkt nicht mehr richtig einschätzen können. Andere laufen zu langsam, wodurch die Sprungkraft fehlt und der Körper zu wenig Dynamik entwickelt. Ein unruhiger Anlauf äußert sich oft durch hektische, unterschiedlich lange Schritte, die kurz vor dem Hindernis korrigiert werden müssen. Diese hektischen Korrekturen führen dazu, dass der Sprung unausbalanciert beginnt und die Belastung für Knie und Sprunggelenke höher wird. Ein weiterer Fehler ist der zu späte oder zu frühe Absprung. Ein zu früher Absprung führt dazu, dass der Sportler das Hindernis eher „überschreitet“ als wirklich überspringt.

Unzureichende Streckung im Absprung führt zu einer starken Vorneigung des Oberkörpers.

Der Körper fällt in der Flugphase häufig nach hinten und die Landung wird instabil. Ein zu später Absprung dagegen führt dazu, dass der Sportler das Hindernis kaum überwindet oder es mit den Füßen berührt. Zudem wird in solchen Fällen oft der Oberkörper stark nach vorne gezogen, was die Balance beeinträchtigt und zu unkontrollierten Landungen führen kann.

Ein sehr verbreitetes Fehlerbild betrifft die Körperspannung. Viele Sportler verlieren beim Absprung oder in der Flugphase ihre Rumpfstabilität. Wird der Körper zu locker gehalten, bewegen sich Arme, Oberkörper und Beine unabhängig voneinander und erzeugen ungewollte Rotationen. Der Oberkörper kippt häufig nach hinten oder zur Seite, wodurch die Fluglinie instabil wird. Ohne eine stabile Körpermitte geht ein großer Teil der erzeugten Sprungenergie verloren, sodass der Sprung niedriger oder kürzer ausfällt, als es die körperlichen Voraussetzungen eigentlich zuließen. Gleichzeitig erhöht mangelnde Rumpfspannung das Risiko für Stauchungen und Fehlbelastungen, da die Landung schwerer kontrollierbar wird. Ein weiteres Fehlerbild ist das Abstützen oder Ausbalancieren mit den Armen. Statt ruhig am Körper zu bleiben und die Zügel stabil zu führen, werfen viele Sportler die Arme

1. Anlaufphase für den nächsten Sprung

2. Ein schräger Sprung über das Hindernis kann zu Kontrollverlust führen.

1

2

1

2

hoch oder zur Seite, um Schwung zu erzeugen oder die Balance zu retten. Diese kompensatorische Armbewegung ist ein klares Zeichen für fehlende Rumpfstabilität oder einen schlecht vorbereiteten Absprung.

Auch die Beinachse bereitet vielen Sportlern Schwierigkeiten. Ein häufig zu beobachtender Fehler ist das Einknicken des Knies nach innen – ein biomechanisch problematisches Muster, das zu einer erheblichen Mehrbelastung der Bänder und Menisken führen kann. Besonders bei der Landung ist dieses Fehlmuster gefährlich, da große Stoßkräfte wirken. Ein nach innen fallendes Knie zeigt, dass entweder die Hüftmuskulatur nicht ausreichend stabilisiert oder die Landetechnik nicht sauber ausgeführt wurde. Ebenso kritisch ist eine zu starke Rotation des Fußes nach innen oder außen, was darauf hindeutet, dass die Kontrolle über Sprunggelenk und Hüfte nicht optimal ist. Viele Verletzungen, insbesondere im Kniebereich, entstehen genau aus solchen Fehlstellungen heraus.

Ein weiteres häufiges Fehlerbild betrifft die Landetechnik insgesamt. Viele Sportler landen auf der Ferse, was die Stoßkräfte nahezu ungefiltert durch den gesamten Bewegungsapparat leitet. Eine harte Fersenlandung führt nicht nur zu schmerzhaften Überlastungen im Sprunggelenk, sondern kann langfristig Knie-, Hüft- und Rückenbeschwerden verursachen. Ebenso problematisch ist das „Durchsacken", also ein zu tiefes Einsinken in Knie und Hüfte direkt nach dem Landen. Dies zeigt, dass die

1. Hier erkennt man deutlich das typische X-Bein in der Landung.

2. Hier sieht man das typische O-Bein bei der Landung.

1

2

1. Saubere, stabile Landung mit kontrollierter Beinachse

2. Fleißiges, gleichmäßiges und rhythmisches Tempo zum Sprung

Muskulatur die Energie nicht kontrolliert abfangen kann und lässt die Gelenke unkontrolliert nachgeben. Besonders bei hohen Hindernissen oder mehrfachen Sprüngen nacheinander führt dies zu einer Überlastung, die sich häufig in Schmerzen oder instabilen Bewegungsabläufen äußert. Ebenso ungünstig ist ein abruptes, zu steifes Landen ohne Abfederung, was den Körper unnötig stark belastet. Fehler entstehen auch durch mangelndes Rhythmusgefühl. Häufig laufen Sportler zu dicht am Hindernis vorbei oder wählen ungeeignete Winkel. Ein zu enger oder schräger Anlauf führt dazu, dass der Körper während des Absprungs kompensieren muss, etwa durch das Drehen der Hüfte oder das Verkürzen der Schrittfrequenz. Diese Bewegungskompensation führt unweigerlich zu Energieverlust und höheren Belastungen für die Gelenke. Ebenso kann ein zu weiter Bogen vor dem Hindernis dazu führen, dass Sportler Tempo verlieren und im Absprung „stecken bleiben", weil Anlauf und Absprung nicht mehr harmonisch zusammenpassen. Häufig übersehene Fehler sind mangelnde Konzentration und Spannung in den letzten Schritten vor dem Hindernis. Viele Sportler verlieren hier ihre Körperspannung, schauen nach unten auf die Latte oder lassen die Armhaltung auseinanderfallen. Ein Blick nach unten führt sofort zu einer veränderten Kopfposition, die sich auf die gesamte Körperhaltung überträgt und den Schwerpunkt nach hinten verlagert. Dadurch wird der Absprung unruhig und die Landung ineffizient. Der Blick sollte immer über das Hindernis hinweg in die Laufrichtung geführt werden, denn die Augen lenken den gesamten Körper.

Bei fortgeschrittenen Sportlern zeigen sich Fehler häufig in der Kraftdosierung. Manche setzen zu viel Kraft in die Sprungbewegung und verlieren dadurch ihre Linienführung, andere springen mit zu wenig Energie und reißen die Hindernisse. Zu viel Kraft führt oft dazu, dass der Oberkörper nach hinten gezogen wird oder der Körper in der Flugphase überstreckt. Zu wenig Kraft äußert sich in flachen Sprüngen, unsauberen Absprüngen oder Unsicherheiten in der Landung. Auch dieses Fehlerbild ist oft ein Zeichen mangelnder Körperspannung oder schlechter Vorbereitung im Anlauf.

All diese Fehlerbilder sind nicht Ausdruck mangelnder Fähigkeit, sondern Teil eines natürlichen Lernprozesses. Jeder Sportler entwickelt im Laufe seiner Trainingserfahrung ein feineres Gefühl für Rhythmus, Timing und Energie. Das Ziel des Trainings ist nicht, Fehler vollständig zu vermeiden – das wäre unrealistisch –, sondern sie zu erkennen, zu verstehen und gezielt zu verbessern. Eine stabile Körpermitte, eine kontrollierte Beinachse, ein korrekter Absprungpunkt und eine elastische Landung sind die zentralen Elemente, die langfristig über Gesundheit, Sicherheit und sportlichen Erfolg entscheiden. Mit präziser Anleitung, regelmäßiger Wiederholung und einem feinen Bewusstsein für den eigenen Körper kann jeder Sportler diese Fehlerbilder Schritt für Schritt reduzieren und durch saubere, effiziente Bewegungsabläufe ersetzen.

1. Enge Wendung mit kontrollierter Linienführung und Balance

2. Sauberer Absprung mit aktiver Streckung und stabiler Haltung

1

2

SPRUNGANALYSE UND FEHLERKORREKTUR

Die Sprunganalyse und die damit verbundene Fehlerkorrektur gehören zu den zentralen Werkzeugen eines professionellen Springtrainings im Hobby Horsing.
Ein Sprung ist ein komplexer Bewegungsablauf, der aus vielen ineinandergreifenden Teilphasen besteht. Schon kleine Veränderungen in der Schrittfrequenz, der Körperspannung oder dem Absprungpunkt können große Auswirkungen auf die Flugbahn, die Landetechnik und letztlich auf die gesamte Sicherheit des Sprungs haben. Deshalb ist es für den Trainer wie für den Sportler wichtig, die Bewegungen nicht nur auszuführen, sondern zu verstehen. Die Fähigkeit, einen Sprung zu analysieren, ihn in seine Bestandteile zu zerlegen und die Ursache eines Fehlers klar zu erkennen, ist Voraussetzung für jedes gezielte Techniktraining.
Eine gründliche Sprunganalyse beginnt mit dem Anlauf. Hier zeigt sich häufig bereits, ob ein Sprung technisch gelingen kann oder ob Korrekturen notwendig werden. Ein zu langsamer Anlauf führt oft zu einem kraftlosen Absprung, während ein zu schneller Anlauf den Sportler zwingt, die Schritte kurz vor dem Hindernis hektisch zu verkürzen. Auch eine unruhige Armhaltung, ein instabiler Oberkörper oder ein Blick, der zu früh nach unten geht, wirken sich unmittelbar auf das Bewegungsmuster aus. In der Analyse geht es daher zu-

1. Unkontrollierter Sprung mit instabiler Körperspannung aus enger Wendung

2. Beispiel für sauberen Absprung und gute Körperhaltung

1

2

Seitliche Sprünge ohne korrekte Haltung führen oft zu Stürzen.

nächst darum, den Rhythmus zu beobachten: Sind die Schritte gleichmäßig? Erfolgt die Annäherung in einer klaren Linie? Bleibt der Oberkörper ruhig? Fehler in diesem Abschnitt sind meist leicht zu erkennen, denn sie äußern sich durch veränderte Schrittfolgen oder durch Unsicherheiten kurz vor dem Absprung.

Der Absprung selbst stellt den zentralen Moment der Sprunganalyse dar, weil hier der Großteil der Bewegungsenergie erzeugt wird. In dieser Phase zeigt sich, ob der Sportler seinen Körperschwerpunkt richtig abgesenkt, die Gelenke korrekt vorbereitet und den optimalen Absprungpunkt gewählt hat. Ein häufiger Fehler ist der „zu frühe" oder „zu späte" Absprung: Ein zu früher Absprung führt zu flachen, weiten Sprüngen mit instabiler Flugphase, während ein zu später Absprung eine mangelnde Höhe oder ein Streifen des Hindernisses zur Folge hat. Auch biomechanische Fehlstellungen sind in dieser Phase gut sichtbar. Fehlt die Rumpfspannung, kippt der Oberkörper nach hinten oder sinkt seitlich weg. Kippt das Knie beim Absprung nach innen, weist dies auf eine instabile Beinachse hin, die langfristig zu Überlastungen führen kann. Diese Anzeichen zu erkennen, ist der wichtigste Schritt zur zielgerichteten Fehlerkorrektur.

In der Flugphase lassen sich Fehler weniger leicht beobachten, da die Bewegung hier kürzer und kompakter ist. Dennoch gibt die Flugphase wertvolle Hinweise auf die Qualität des Absprungs. Ein instabiler Körper, der sich zur Seite dreht oder schwerfällig nach hinten kippt, deutet darauf hin, dass die Streckbewegung ungleichmäßig

Tipp

Erst Technik üben, danach schrittweise die Höhe steigern.

Ordentlicher Sprung, ruhige Arme und saubere Landung

war oder dass die Körperspannung nicht gehalten wurde. Auch Arme, die während der Flugphase auszuschlagen beginnen, sind ein Signal für fehlende Rumpfstabilität oder Unsicherheit.
Die Flugphase dient in der Analyse weniger dazu, Fehler zu finden, sondern vielmehr dazu, ihre Ursache im Absprung zu bestätigen.
Die Landung liefert im Rahmen der Sprunganalyse die wichtigsten Informationen über die Gelenkbelastung und die technische Sicherheit des Sportlers. Eine harte Fersenlandung, die ohne Abfederung erfolgt, zeigt unmittelbar, dass der Körper die Gelenke nicht richtig vorbereitet hat – entweder durch mangelnden Vorfußkontakt oder durch eine zu geringe Beugung der Knie und Hüfte. Ebenso auffällig ist das Einknicken des Knies nach innen, das auf eine instabile Beinachse, Schwächen in der Hüftmuskulatur oder eine unkontrollierte Kraftübertragung hinweist. Eine zu tiefe Landung, bei der der Körper „einsackt“, zeigt eine Überlastung oder eine mangelnde Kraft in den Beinmuskeln. Die Aufgabe der Analyse ist hier, diese Muster zu erkennen und durch gezielte Übungen für Technik und Kraft zu korrigieren.
Die Fehlerkorrektur setzt an den in der Analyse erkannten Ursachen an. Eine Korrektur ist nur dann nachhaltig, wenn sie die tatsächliche Ursache adressiert und nicht lediglich das sichtbare Symptom. Wenn ein Sportler beispielsweise zu nah am Hindernis abspringt, liegt der Fehler häufig nicht im Absprungpunkt selbst, sondern im Rhythmus des Anlaufs. Der Trainer

korrigiert daher nicht nur den Absprung, sondern passt die Anlaufgeschwindigkeit oder die Distanzkontrolle an. Bei fehlender Rumpfstabilität genügt es nicht, an der Flugphase zu arbeiten – hier müssen spezifische Übungen zur Rumpfkraft und -spannung in das Warm-up und das Techniktraining integriert werden.

Fehlerkorrektur funktioniert am besten durch schrittweises, bewusstes und wiederholtes Training. Anstatt sofort wieder einen vollständigen Sprung zu versuchen, werden einzelne Bewegungsabschnitte isoliert geübt: Anlauf ohne Sprung, Absprung ohne Hindernis, Landungsübungen auf niedrigen Höhen oder rhythmische Serien über Bodenstangen. Diese reduzierten Übungsformen ermöglichen es dem Sportler, eine Bewegung ohne Überforderung zu korrigieren und neu zu verinnerlichen. Erst wenn der korrigierte Bewegungsablauf stabil ist, wird er in den vollständigen Sprung integriert.

Ein wichtiger Bestandteil der Fehlerkorrektur ist die Selbstwahrnehmung des Sportlers. Durch gezieltes Feedback – verbal, visuell oder durch Videoanalyse – lernen Sportler, Fehler selbst zu erkennen und ihr Bewegungsverhalten bewusst anzupassen. Je besser ein Sportler sich selbst einschätzen kann, desto schneller gelingt die technische Verbesserung. Besonders Videoanalysen sind effektiv, weil der Sportler die Bewegung von außen betrachten und sich mit den Hinweisen des Trainers verbinden kann.

Insgesamt zeigt die Sprunganalyse, dass technisches Springen im Hobby Horsing kein Automatismus ist, sondern ein feiner, lernbarer Prozess. Fehler sind kein Zeichen mangelnder Fähigkeit, sondern ein natürlicher Bestandteil des Lernens. Die Kunst besteht darin, sie zu erkennen, ihren Ursprung zu verstehen und durch gezielte, methodische Schritte langfristig zu korrigieren. Durch diese bewusste Herangehensweise entsteht nicht nur eine saubere Technik, sondern auch ein gesundes, leistungsfähiges und sicheres Springen.

Unruhige Arme und fehlende Streckung erschweren die Landung.

ERWEITERTE SPRUNGTECHNIK IM HOBBY HORSING

Präzision, Dynamik und Kontrolle im Bewegungsablauf – Technikverfeinerung für rhythmisches und flüssiges Springen

Erweiterte Sprungtechniken

Mit zunehmender Trainingserfahrung und wachsender technischer Sicherheit eröffnen sich im Hobby Horsing neue, anspruchsvollere Bewegungsformen, die über die grundlegenden Sprünge hinausgehen.

Die erweiterten Sprungtechniken dienen nicht nur dazu, höhere oder breitere Hindernisse zu überwinden, sondern verbessern in erster Linie das Bewegungsverständnis, die Körperkontrolle und die Fähigkeit, die eigenen Bewegungen in unterschiedlichen Anforderungen bewusst zu steuern. Sie sind daher weniger als spektakuläre Ergänzung zu betrachten, sondern vielmehr als ein natürlicher nächster Schritt in der technischen Ausbildung fortgeschrittener Hobby-Horsing-Springer. Erweitertes Springen ist immer eine Kombination aus Dynamik, Präzision, Rhythmus und biomechanischer Kontrolle.
Eine der ersten erweiterten Techniken, denen fortgeschrittene Sportler begegnen, ist der variable Absprungpunkt. Während Anfänger den Absprung noch ausschließlich intuitiv wählen, lernen Fortgeschrittene, diesen Punkt bewusst zu verschieben, um unterschiedliche Hindernisarten optimal zu bewältigen. Ein etwas früherer Absprung kann bei breiteren Hindernissen

Enge Wendungen, Blickführung und Körperarbeit sind oft ein Zusammenspiel.

sinnvoll sein, ein etwas späterer bei sehr vertikalen Sprüngen. Die Kunst besteht darin, diese Anpassungen fließend und ohne hastige Korrekturen vorzunehmen. Fortgeschrittene Sportler entwickeln ein Gefühl dafür, wie sie ihre Schrittfrequenz in den letzten zwei bis drei Schritten variieren müssen, um den perfekten Absprungpunkt zu treffen.

Kombinationen gibt es ab der mittleren Springklasse.

Eine weitere erweiterte Technik ist das Springen aus gebogenen Linien. Während gerade Anläufe vergleichsweise leicht einzuschätzen sind, verlangen gebogene Linien eine präzise Koordination und ein stabiles Gleichgewicht. Der Körper muss in der Kurve leicht nach innen geneigt werden, während der Oberkörper gleichzeitig aktiv die Balance hält. Der Absprung erfolgt dabei nicht frontal auf das Hindernis zu, sondern in einem von der Kurve vorgegebenen Winkel. Dies erfordert Körperkontrolle über die Rumpfmuskulatur und eine genaue Einschätzung der Linienführung. Die Fähigkeit, auch aus einer Wendung heraus stabil und präzise zu springen, gilt als ein wichtiges Qualitätsmerkmal fortgeschrittener Springtechnik.

Mit steigendem Leistungsniveau kommen Kombinationen und Distanzen hinzu. Kombinationen bestehen aus zwei oder mehr Hindernissen, die in festgelegtem Abstand hintereinanderstehen. Sie verlangen einen exakten Rhythmus, da die Schritte zwischen den Sprüngen nicht improvisiert werden können. Sportler müssen unmittelbar nach der Landung den Gleichschritt wiederfinden und den nächsten Absprungpunkt sicher treffen. Hier wird besonders deutlich, wie wichtig der Bewegungsfluss ist. Die Technik darf in Kombinationen nicht unterbrochen sein – jede kleine Verzögerung oder Unsicherheit führt unweigerlich zu Fehlern im zweiten Sprung. Fortgeschrittene lernen in dieser Phase, gleichzeitig zu springen, zu denken und die Bewegung vorauszuplanen.

Eine weitere wichtige erweiterte Technik besteht im Anpassen der Sprungkraft. Nicht jedes Hindernis verlangt maximalen Krafteinsatz. Fortgeschrittene Sportler lernen, ihre Sprungkraft zu dosieren, um nicht zu hoch oder zu weit zu springen, sondern genau die Energie aufzubringen, die für das jeweilige Hindernis notwendig ist. Dies erfordert ein feines Körpergefühl und die Fähigkeit, die Beugungs-Streckbewegung im Absprung präzise zu steuern. Besonders bei Serien aus niedrigen, rhythmisch zu springenden Hindernissen wird diese Fähigkeit geschult, da hier nicht die Höhe, sondern der Bewegungsfluss entscheidend ist. Zu viel Kraft führt zu überhöhten Sprüngen, die den Rhythmus stören, zu wenig Kraft zu unsauberen Landungen. Spezifische Hindernisvarianten wie Steilsprünge, Oxer, breite Sprünge, Naturhindernisse oder Geländesprünge stellen je nach Konstruktionsart eigene technische Anforderungen. Der Steilsprung verlangt eine besonders präzise vertikale Streckung, während Oxer eine erhöhte Tiefen- und Höhenkontrolle erfordern, da hier Tiefe und Höhe gleichzeitig überwunden werden müssen.

Kombinationen erfordern höchste Präzision.

Hobby Horser springt kontrolliert über ein Hindernis.

Naturhindernisse – etwa kleine Baumstämme, Hecken oder niedrige Mauerelemente – bringen einen variablen Untergrund ins Spiel und fordern die Fähigkeit, trotz veränderter Bodenreaktionskräfte stabil zu bleiben. Im Gelände kommen zusätzlich Unebenheiten, Gefälle oder leichte Steigungen hinzu, was die Sprungtechnik nochmals komplexer macht.

Eine erweiterte Sprungtechnik, die oft unterschätzt wird, ist das kontrollierte Weiterlaufen nach der Landung. Im fortgeschrittenen Springen geht es nicht mehr nur darum, sicher zu landen, sondern die Landung in den Rhythmus des folgenden Sprungs zu integrieren. Die Landung wird nicht als Abschluss, sondern als Übergang betrachtet. Die Fähigkeit, Energie aus der Landung zu nutzen und direkt wieder ins Lauf- oder Sprungmuster überzugehen, ist ein Zeichen großer technischer Souveränität. Besonders in schnellen Parcours oder in Kombinationen wird diese Technik notwendig, um Zeit zu sparen und einen flüssigen Bewegungsfluss zu gewährleisten.

Ein weiteres wichtiges Element ist das Springen unter taktischen Bedingungen. Dazu gehören das Einschätzen eigener Stärken, das bewusste Wählen von Linien – ob enger und direkter oder weiter und stabiler –, das Erkennen unterschiedlicher Hinderniserfordernisse und die Fähigkeit, spontan auf veränderte Bedingungen zu reagieren. Fortgeschrittene Sportler entwickeln mit der Zeit ein „Gefühl" für ihren Parcours, das sich aus Erfahrung, Technik und situativem Denken speist. Taktisches Springen bedeutet, dass die Sportler ihr Bewegungsverhalten nicht mehr nur ausführen, sondern aktiv steuern und strategisch einsetzen.

Schließlich umfasst die erweiterte Sprungtechnik auch die mentale Komponente. Höhere oder komplexere

Hindernisse erfordern Mut, Konzentration und Selbstvertrauen. Die mentale Vorbereitung entscheidet oft darüber, ob eine Bewegung technisch sauber umgesetzt werden kann oder ob Nervosität zu Fehlern führt. Fortgeschrittene lernen daher, sich selbst einzuschätzen, Anläufe bewusst zu planen und auch unter Anspannung ihre Technik beizubehalten. Diese Kombination aus mentaler Stärke und körperlicher Präzision macht letztlich den Unterschied zwischen geübten und sehr erfahrenen Springern aus.

Insgesamt verdeutlichen die erweiterten Sprungtechniken, dass fortgeschrittenes Springen im Hobby Horsing kein automatisierter Bewegungsablauf ist, sondern ein hochkomplexes Zusammenspiel aus Technik, Körpergefühl, Rhythmus, Strategie und mentaler Ruhe. Wer diese Techniken beherrscht, ist in der Lage, anspruchsvolle Parcours sicher, effizient und ästhetisch zu bewältigen – und entwickelt gleichzeitig eine tiefere, feinere Kontrolle über den eigenen Körper im Sprung.

Sauberer Absprung mit stabiler Körperhaltung über dem Hindernis

KOMBINATIONEN UND DISTANZEN

Kombinationen und Distanzen gehören zu den anspruchsvollsten Elementen im Hobby-Horsing-Springen, denn sie verlangen vom Sportler nicht nur eine technisch saubere Sprungausführung, sondern auch ein präzises Timing, ein klares Rhythmusgefühl und die Fähigkeit, Bewegungsabläufe vorauszuplanen.
Während einzelne Sprünge zunächst isoliert trainiert werden können, fügt die Arbeit an Kombinationen mehrere Sprünge in direkter Folge zusammen. Dadurch entsteht ein Bewegungsfluss, der nur dann stabil bleibt, wenn Absprung, Flugphase und Landung exakt aufeinander abgestimmt sind. Distanzen hingegen beziehen sich auf den Raum zwischen zwei Hindernissen und bestimmen, wie viele Schritte der Sportler zwischen den Sprüngen ausführen muss, um den nächsten Absprungpunkt ideal zu treffen. Beide Elemente sind zentrale Bestandteile im fortgeschrittenen Springtraining und bilden die Grundlage für technisch anspruchsvolle Parcours.
Eine Kombination besteht aus mindestens zwei Hindernissen, die in einem festgelegten Abstand nacheinander zu überwinden sind. Diese Abstände sind so gewählt, dass sie nur mit einer definierten Schrittfolge

Zweifache Kombination

sinnvoll zu bewältigen sind. Der Sportler hat zwischen der Landung des ersten Sprungs und dem Absprung des zweiten Sprungs kaum Zeit für Korrekturen. Genau das macht Kombinationen so anspruchsvoll: Sie verzeihen keine Unsicherheit im Rhythmus und keine instabile Landetechnik. Jede Unsauberkeit im ersten Sprung wirkt sich unmittelbar auf den zweiten aus. Fortgeschrittene Hobby-Horsing-Sportler lernen daher, bereits während des ersten Sprungs den Rhythmus für den folgenden zu antizipieren. Die Landung wird nicht nur abgefedert, sondern zugleich genutzt, um die notwendige Schrittfrequenz für den Folgesprung aufzubauen. Typische Kombinationen können aus zwei gleich hohen Hindernissen bestehen, doch häufig variiert die Höhe oder Breite der Sprünge, um die Technik noch stärker zu fordern. Der erste Sprung kann beispielsweise eher vertikal ausgerichtet sein, während der zweite eine größere Breite aufweist. In solchen Fällen muss der Sportler bereits vor dem ersten Absprung wissen, wie viel Kraft und Dynamik die Reihe insgesamt erfordert. Diese Fähigkeit, vorausschauend zu springen, ist ein Kennzeichen fortgeschrittener Technik. Nicht der einzelne Sprung steht im Mittelpunkt, sondern die gesamte Abfolge.

Dreifache Kombination

Tipp

Mit Kombinationen kannst du gut fürs Zeitspringen üben.

Distanzen spielen innerhalb einer Kombination, aber auch unabhängig davon eine große Rolle. Eine Distanz beschreibt die räumliche Länge zwischen zwei Hindernissen und beeinflusst unmittelbar die Schrittanzahl und den Rhythmus. Für Sportler im Hobby Horsing ist diese Distanz nicht durch feste Galoppsprünge des Pferdes vorgegeben, sondern durch die eigenen Schritte. Das bedeutet, dass die Schrittfrequenz aktiv gesteuert werden muss. Ein zu langer Schritt zwischen den Hindernissen führt dazu, dass der Absprungpunkt zu weit entfernt liegt, während ein zu kurzer Schritt in einen zu nahen Absprungpunkt mündet. In beiden Fällen wird die Sprungtechnik instabil, und das Verletzungsrisiko steigt. Eine korrekte Distanz ist daher immer eine harmonische Kombination aus Tempo, Schrittlänge und Blickführung.

Fortgeschrittene Sportler entwickeln mit der Zeit ein feines Gespür für Distanzen. Sie erkennen bereits aus der Annäherung, ob sie wenige Schritte oder einen flüssigen Rhythmus benötigen, um den nächsten Sprung technisch sauber zu bewältigen. Dieses Gespür entsteht durch wiederholtes Training in unterschiedlichen Abständen und durch die Fähigkeit, die Schrittfrequenz in Bruchteilen von Sekunden anzupassen. Distanzen werden nicht zufällig gelaufen, sondern bewusst gewählt. Der Reiter lernt, wie groß der Raum zwischen den Sprüngen sein muss, um einen optimalen Absprungpunkt zu ermöglichen.

Ein wichtiger biomechanischer Aspekt bei Kombinationen und Distanzen ist die Qualität der Landung. Da die Landung unmittelbar in den nächsten Sprung übergeht, muss sie stabil, elastisch und rhythmisch sauber sein. Die Gelenke müssen die Stoßkräfte effizient abfangen, ohne dass der Körper tief zusammensackt oder nach außen ausweicht. Gleichzeitig muss der Sportler schnell wieder ins Laufen zurückfinden. Eine zu weiche Landung kostet Zeit und Energie, eine zu harte Landung erschwert die Vorbereitung des nächsten Absprungs. Die ideale Landung in Kombinationen ist daher ein dynamisches „Weiterfedern", bei dem die Energie nicht vollständig abgefangen, sondern in eine neue Bewegung übertragen wird. Diese Fähigkeit, die Landung als Übergang zu nutzen, anstatt sie als Endpunkt zu betrachten, macht entscheidend den Unterschied zwischen Basis- und Fortgeschrittenentechnik aus.

Neben der technischen Ausführung spielt auch die Linienführung in Kombinationen eine bedeutende Rolle. Kombinationen werden selten exakt frontal angelaufen, sondern sind häufig Teil einer größeren Parcourslinie. Das bedeutet, dass der Körper in einer Kurve bereits vor dem ersten Sprung stabil ausgerichtet sein muss, damit

die Linie durch beide Hindernisse sauber bleibt. Kleine Abweichungen in der Linie führen zu schrägen Anlaufwinkeln, die die Sprungtechnik beeinträchtigen. Fortgeschrittene Sportler lernen deshalb früh, ihre Linie bereits mehrere Meter vor einer Kombination festzulegen und konstant zu halten, damit sie in der gesamten Bewegung eine stabile Achse behalten. Mit wachsendem Können werden Kombinationen komplexer gestaltet. Abstände werden verkürzt, Höhen variiert oder Linienwinkel verändert. Auch Serien von drei oder mehr Sprüngen treten zunehmend in den Fokus. Diese möglichst harmonisch zu bewältigen, verlangt nicht nur Kraft und Ausdauer, sondern auch mentale Klarheit. Die Fähigkeit, sich während eines Sprungs bereits mental auf zwei weitere Hindernisse vorzubereiten, kann nur durch regelmäßiges Training an Kombinationen aufgebaut werden.

Zusammengefasst stellen Kombinationen und Distanzen die Königsdisziplin des Springtrainings dar. Sie verbinden Rhythmus, Technik, Präzision und strategisches Denken auf engstem Raum. Wer lernt, sie bewusst und sauber zu bewältigen, hat nicht nur seine Sprungtechnik perfektioniert, sondern auch den Grundstein für anspruchsvolle Parcoursarbeit gelegt. Kombinationen und Distanzen sind weniger eine Frage von Kraft als von Kontrolle – und genau darin liegt ihre Bedeutung für das fortgeschrittene Hobby-Horsing-Training.

Zweifache und Dreifache Kombinationen verlangen Rhythmus und Kontrolle.

METHODISCHER EINSTIEG INS TRAINING

Strukturierter Aufbau von
Bewegungsgrundlagen für Anfänger

Trainingsmethodik für Anfänger

Die Trainingsmethodik für Anfänger im Hobby-Horsing-Springen legt den Grundstein für eine sichere, gesunde und erfolgreiche Entwicklung der Sportler. Besonders im Anfängerbereich ist es entscheidend, schrittweise und methodisch sauber vorzugehen, da hier grundlegende Bewegungsmuster erlernt und stabilisiert werden, die später die Basis für komplexere Sprünge und vollständige Parcours bilden.

Ein effektives Training berücksichtigt sowohl motorische als auch technische Faktoren und orientiert sich am natürlichen Lernverhalten der Sportler. Anfänger profitieren am meisten von einer klar strukturierten, abwechslungsreichen und kindgerecht motivierenden Übungsabfolge, die sie nicht überfordert und ihnen gleichzeitig Erfolgserlebnisse ermöglicht.
Am Beginn des Anfängertrainings steht das Kennenlernen des eigenen Körpers in Bewegung. Viele Kinder und auch erwachsene Anfänger haben wenig Erfahrung damit, wie sich ihre Gelenke unter Sprungbelastung verhalten oder wie sie ihre Kraft dosiert einsetzen müssen. Deshalb ist es wichtig, zunächst einfache Laufübungen einzuführen, die Rhythmusgefühl, Gleichgewicht und Koordinationsfähigkeit fördern. Das Laufen mit dem Hobby Horse ist für viele eine ungewohnte Bewegung, die erst verinnerlicht werden muss. Eine aufrechte Körperhaltung, ein sicherer Griff an den Zügeln und ein stabiler, gleichmäßiger Laufrhythmus bilden die Grundlage, bevor überhaupt an das Thema Springen gedacht wird. Im Anfängerbereich stehen daher zunächst Stabilität und Bewegungsfluss im Vordergrund.

Lieber mit niedrigen Höhen anfangen.

Mit Hilfsmitteln, wie einem Tauchring, kann man die korrekte Haltung üben.

Wichtig

Ein wichtiger methodischer Grundsatz im Anfängertraining lautet: zuerst die Technik – dann die Höhe.

Ein elementarer Bestandteil der methodischen Reihenfolge ist das schrittweise Heranführen an den Absprung. Der Sprung beginnt nicht an der Latte, sondern bereits viele Meter vorher im Anlauf. Deshalb üben Anfänger zunächst das kontrollierte Anlaufen ohne Hindernis. Erst wenn der Rhythmus gefunden ist, die Schritte gleichmäßig und das Hobby Horse ruhig zwischen den Beinen geführt wird, kommt ein sehr niedriges Hindernis ins Spiel. Diese erste Sprunghilfe darf so klein sein, dass sie eher als Markierung dient denn als echtes Hindernis. Ziel ist es nicht, Höhe zu überwinden, sondern das Gefühl für den Moment der Abfederung und die richtige Beugung der Gelenke zu entwickeln. Die Sportler lernen auf diese Weise, ihren Körper bewusst vorzubereiten, ihren Schwerpunkt zu steuern und eine natürliche Absprungbewegung einzuleiten.
Viele Anfänger neigen dazu, möglichst schnell hohe Sprünge ausprobieren zu wollen. Eine solche Herangehensweise führt jedoch oft zu Fehlbelastungen, Fehltechnik und einem erhöhten Verletzungsrisiko. Erst wenn der Absprung sauber ausgeführt werden kann, die Beinachse stabil bleibt und die Landung kontrolliert erfolgt, sollte die Höhe langsam gesteigert werden. Dieser Prozess verläuft individuell, denn jeder Sportler entwickelt seine Technik und sein Körpergefühl in einem eigenen Tempo. Ein feinfühliges Training berücksichtigt diese Unterschiede und gibt jedem die Zeit, die er benötigt.

Ein zentraler Bestandteil der methodischen Ausbildung ist die Schulung der Körperspannung. Anfänger haben häufig Schwierigkeiten, ihren Rumpf aktiv zu stabilisieren, was sich unmittelbar auf die Sprungqualität auswirkt. Kleine Übungen, die die Rumpfmuskulatur stärken, können daher gut in das Warm-up eingebaut werden. Gleichzeitig ist die Körperspannung Teil aller Bewegungsabläufe und sollte auch während der Lauf- und Sprungübungen bewusst angesprochen werden. Besonders im Absprung zeigt sich, wie gut ein Sportler seine Mitte kontrolliert: Ein instabiler Rumpf führt zu einem unruhigen Sprung, während ein stabiler Rumpf die Kraftübertragung gleichmäßig und effizient ermöglicht.

Auch die Landung ist ein wesentliches Thema im Anfängertraining. Viele Anfänger landen zu hart, zu steif oder kippen mit dem Knie nach innen. Daher sollte die Landung zunächst ohne Hindernis geübt werden, indem einfache Sprung-Lande-Übungen durchgeführt werden. Ziel ist es, ein Gefühl dafür zu entwickeln, den Aufprall weich abzufedern und gleichzeitig eine stabile Beinachse zu halten. Die Sportler lernen, wie sie über den Vor- und Mittelfuß landen, die Knie leicht beugen und die Landung

1. Erfolge sind in der Regel schnell sichtbar.

2. Mit kleinen Bällen oder Socken kann man ruhige Arme trainieren.

1

2

mithilfe von Muskulatur und Körperspannung kontrollieren. Erst wenn dieses Bewegungsmuster sicher beherrscht wird, sollten die Sprünge über ein Hindernis erfolgen.
Die Steigerung im Anfängertraining erfolgt stets über methodisch sinnvolle Zwischenschritte. So wird zunächst mit Bodenstangen gearbeitet, die den Rhythmus schulen. Einfache Mini-Hindernisse folgen erst später, und ihre Höhe wird erst gesteigert, wenn die Technik jederzeit stabil ist. Auch kleine Kombinationen – zwei niedrige Hindernisse hintereinander mit großem Abstand – können für Anfänger sinnvoll sein, weil sie helfen, ein flüssiges Bewegungsmuster zu entwickeln, ohne die Belastung zu erhöhen. Wichtig ist dabei, dass die Abstände so gewählt werden, dass die Sportler sie ohne Stress bewältigen können. Die Linienführung wird ebenfalls früh im Anfängertraining geschult, jedoch nicht in komplexen Kurven, sondern in einfachen, weiten Bögen, die Sicherheit vermitteln und den Sportlern ermöglichen, ihre

Hobby Horser bei der Parcoursbegehung

1

2

1. Mit Geschicklichkeitselementen kann man die Balance üben und den Rumpf stärken.

2. Gemeinsame Freude über Trainingserfolge.

Bewegungen bewusst wahrzunehmen. Anfänger profitieren besonders von einem spielerischen Ansatz, der dennoch sportlich anspruchsvoll bleibt. Spiele, die die Sprungbewegung vorbereiten – wie Hüpfen, Hopserlauf oder kleine Hindernisparcours mit niedriger Belastung – fördern die Freude an der Bewegung und tragen zur natürlichen Entwicklung der motorischen Fähigkeiten bei. Gleichzeitig sollten Trainer darauf achten, dass trotz aller Spielformen grundlegende technische Anforderungen nicht vernachlässigt werden. Auch in spielerischen Situationen müssen Haltung, Schrittfrequenz und Körperspannung im Blick behalten werden, da sich Bewegungsmuster früh einprägen. Die Trainingsmethodik für Anfänger im Hobby Horsing basiert somit auf einer feinen Balance aus Technikvermittlung, körperlicher Grundausbildung, Bewegungsfreude und methodischem Aufbau. Wer früh lernt, effizient zu springen, entwickelt nicht nur ein gutes Körpergefühl, sondern schützt sich auch langfristig vor Verletzungen. Ein solides Anfängertraining schafft die Grundlage für alle weiteren Leistungsstufen und bildet den Einstieg in ein gesundes, dynamisches und technisch anspruchsvolles Springtraining.

METHODISCHE STEIGERUNG DES TRAININGS

Systematische Schulung von technisch komplexeren und anspruchsvolleren Aufgaben

Trainingsmethodik für Fortgeschrittene

Die Trainingsmethodik für Fortgeschrittene im Hobby-Horsing-Springen baut auf den grundlegenden Bewegungsmustern und technischen Fertigkeiten auf, die in der Anfängerphase geschult wurden, und führt diese in komplexere, kraftintensivere und koordinativ anspruchsvollere Bewegungsformen über.

Während Anfänger vertraute Abläufe erst stabilisieren müssen, geht es im fortgeschrittenen Training darum, die Qualität der Bewegungen zu verfeinern, technische Präzision zu entwickeln, Körperkraft gezielt auszubauen und das Bewegungssystem darauf vorzubereiten, auch unter höheren Geschwindigkeiten, größeren Höhen und anspruchsvolleren Parcoursbedingungen stabil und sicher zu funktionieren. In diesem Leistungsabschnitt wird das Training zunehmend sportartspezifisch und erfordert ein tieferes Verständnis der biomechanischen Zusammenhänge sowie eine bewusstere Steuerung des eigenen Körpers.

Ein wesentlicher Schwerpunkt im fortgeschrittenen Training liegt auf dem Feinrhythmus des Anlaufs. Während Anfänger vor allem einen stabilen Grundrhythmus entwickeln, lernen fortgeschrittene Sportler den bewussten Umgang mit Distanzen, Schrittverkürzungen und Schrittverlängerungen. Sie entwickeln ein Gefühl dafür, wann und wie sie ihr Tempo anpassen müssen, um einen idealen Absprungpunkt zu erreichen. Diese rhythmische Feinabstimmung ist essenziell, um Kombinationen, Distanzen oder eng gestellte Linien flüssig zu bewältigen. Fortgeschrittene lernen, den Anlauf nicht mehr nur zu

Regelmäßige Übung macht den Meister.

1

2

1. Sauberer Anlauf

2. Absprung mit Blickrichtung nach vorne

laufen, sondern aktiv zu gestalten.
Die Schritte werden bewusster gesetzt, der Körper bleibt in einer zentrierten Spannung, und der Blick führt die Bewegung strategisch über das Hindernis hinaus. Der Anlauf wird zu einem kontrollierten, taktischen Werkzeug – und nicht mehr zu einer bloßen Vorbereitung.
Gleichzeitig wird die Technik des Absprungs weiterentwickelt. Während die Grundtechnik für den Absprung in der Anfängerphase nur darauf abzielt, eine korrekte Beugungs-Streckbewegung zu etablieren, wird die Bewegung im fortgeschrittenen Stadium dynamischer, ökonomischer und kraftvoller. Fortgeschrittene Sportler lernen, die gespeicherte elastische Energie des Dehnungs-Verkürzungs-Zyklus optimal zu nutzen, um höhere und weitere Sprünge mit weniger Kraftaufwand zu erzielen. Besonders die aktive Arbeit über den Vor- und Mittelfuß, die bewusste Steuerung der Hüftstreckung und der Einsatz der Rumpfmuskulatur als Kraftübertragungszentrum werden in dieser Phase verfeinert. Ziel ist ein explosiver, aber kontrollierter Absprung, bei dem der Körper stabil in die Flugphase übergeht, ohne Energie zu verlieren oder durch unruhige Bewegungen Rotationen zu erzeugen.

In der Flugphase werden fortgeschrittene Sportler zunehmend sensibilisiert für die Bedeutung der Körperausrichtung. Sie lernen, wie sich schon kleine Veränderungen in der Rumpfspannung oder in der Kopfhaltung auf die Fluglinie auswirken können. Die Fähigkeit, in der Flugphase minimalste Korrekturen vorzunehmen, ist ein Merkmal fortgeschrittenen Bewegungswissens. Ebenso wichtig ist das Bewusstsein dafür, dass die Flugphase im Hobby Horsing nicht aktiv gestaltet wird, sondern vor allem das Ergebnis eines technisch sauberen Absprungs ist. Fortgeschrittene nutzen die kurze Flugzeit jedoch, um die Landung vorzubereiten und ihren Körper in eine Position zu bringen, die eine reaktionsfähige, elastische und stabile Landung ermöglicht.

Die Landung selbst wird im fortgeschrittenen Training deutlich intensiver geschult als im Anfängerbereich. Während es für Anfänger zunächst darum geht, weich und stabil zu landen, geht es im fortgeschrittenen Stadium darum, die Landung strategisch zu nutzen. Fortgeschrittene Sportler lernen, nach der Landung sofort wieder in den Laufrhythmus einzusteigen, ohne Zeit zu verlieren. Die Abfederung wird ökonomischer, und die Gelenke arbeiten harmonisch zusammen, um die Energie der Landung teilweise wieder in den Anlauf zur nächsten Aufgabe umzusetzen. Dadurch entsteht ein flüssiger Bewegungsfluss, der für Kombinationen, Distanzen und enge Wendungen von entscheidender Bedeutung ist.

1. So ist es okay. Bei der Landung sollte der Kopf nicht zu sehr nach unten geneigt werden.

2. Hier wird der Kopf zu sehr geneigt, was eine weiche Landung und flüssiges Weiterreiten negativ beeinflusst.

1

2

Ein weiterer bedeutender Bestandteil des fortgeschrittenen Trainings ist die Vertiefung der Linienführung. Während Anfänger zunächst einfache Bögen laufen, erarbeiten sich Fortgeschrittene präzise Linien durch den Parcours. Dies erfordert ein kombiniertes Verständnis von Geschwindigkeit, Blickführung, Körperposition und Bewegungsfluss. Die Fähigkeit, eine Linie konstant zu halten, entscheidet darüber, ob Kombinationen harmonisch gelingen oder ob Korrekturen nötig werden, die Kraft kosten und den Rhythmus stören. Fortgeschrittene trainieren daher häufig an Zirkeln, Schlangenlinien, engen Wendungen und bewusst gesetzten Anlaufwinkeln. All diese Bewegungsformen verbessern die Fähigkeit, die eigene Körperbahn strategisch und präzise zu steuern.

Ein zentraler methodischer Baustein im fortgeschrittenen Training ist das Arbeiten mit variierenden Hindernishöhen und -arten. Die Sportler lernen, wie sich die Technik je nach Höhe, Breite oder Bauweise des Hindernisses anpassen muss. Bei höheren Hindernissen wird die Streckung im Absprung stärker betont, während breite Sprünge eine erhöhte Sicht auf die Distanz erfordern. Naturhindernisse oder Geländesprünge stellen zusätzliche Anforderungen an Bodenreaktionskräfte und Terrainanpassung. Das Training bleibt abwechslungsreich, um die Reaktionsfähigkeit und Anpassungsbereitschaft des Körpers zu schulen.

1. Saubere Kurvenlage

2. Sauberer Absprung und Übergang in die Flugphase

1

2

1

2

Fortgeschrittene benötigen außerdem spezifische Kraft- und Stabilisationsübungen. Die Sprungkraft wird durch gezielte Übungen wie Kraftsprünge, kurze Sprintläufe oder plyometrische Bewegungen verbessert. Gleichzeitig muss die Rumpfmuskulatur so trainiert werden, dass sie den Körper auch bei hohen Hindernissen stabil hält. Etwaige Schwächen in der Beinachse, die im Anfängerbereich vielleicht noch ausgeglichen werden konnten, müssen im fortgeschrittenen Stadium konsequent bearbeitet werden, da die Belastungen höher und die Bewegungen dynamischer werden.
Schließlich wird im fortgeschrittenen Training auch die mentale Komponente stärker betont. Fortgeschrittene Sportler müssen in der Lage sein, ihre Bewegungen selbstständig einzuschätzen, Fehlerbilder zu erkennen und unter Druck klare Entscheidungen zu treffen. Sie entwickeln ein tiefes Gefühl für Timing und ein zunehmendes Bewusstsein für die eigene körperliche Leistungsfähigkeit. Diese Selbstwahrnehmung ermöglicht es ihnen, Parcours mit strategischem Denken und technischer Souveränität zu bewältigen.
Zusammenfassend besteht die Trainingsmethodik für Fortgeschrittene aus der Kombination von Technikausbau, rhythmischer Feinarbeit, Kraftentwicklung, Stabilisation, Linienführung, situativer Anpassung und mentaler Schulung. Sie schafft den Übergang von technisch korrekten, aber einfachen Bewegungen hin zu komplexen, dynamischen Sprungabläufen, die in ihrer Gesamtheit das Bild eines harmonisch springenden Hobby-Horsing-Sportlers formen. Wer diese Phase sorgfältig durchläuft, legt die Grundlage für hohe Leistungsstufen, anspruchsvolle Parcours und nachhaltigen sportlichen Erfolg.

1. Zu Zweit lernt es sich besser.

2. Schon in der Flugphase sollte man den Blick zum nächsten Hindernis wenden.

Anfänger und Fortgeschrittene brauchen angepasste Förderung.

VERGLEICH: ANFÄNGER VERSUS FORTGESCHRITTENE IM SPRINGTRAINING

Das Training von Anfängerinnen und Anfängern im Hobby Horsing unterscheidet sich grundlegend vom Training fortgeschrittener Sportler, weil beide Gruppen unterschiedliche körperliche Voraussetzungen, Bewegungserfahrungen und technische Fähigkeiten mitbringen.

Während Anfängern zunächst das grundlegende Bewegungsgefühl vermittelt wird, steht bei Fortgeschrittenen die Optimierung, Verfeinerung und situative Anpassung der Technik im Mittelpunkt.

Anfänger bewegen sich häufig noch unsicher im Laufrhythmus und müssen erst ein Gefühl dafür entwickeln, wie sie ihren Körper mit dem Hobby Horse in Einklang bringen. Die Technik wird in einfachen, klar strukturierten Lernschritten vermittelt, damit sich stabile Bewegungsmuster entwickeln können. Der Schwerpunkt liegt auf grundlegenden Körperhaltungen, einem gleichmäßigen Anlauf und der Einführung in den Absprung- und Landemechanismus. Die Bewegungen sind bewusst einfach gehalten, um Überforderung zu vermeiden und den Sportlern die Möglichkeit zu geben, die wesentlichen Abläufe zunächst isoliert zu erlernen. Fortgeschrittene hingegen verfügen bereits über ein solides technisches Fundament und ein gut entwickeltes Körpergefühl. Bei ihnen stehen Tempoanpassungen, rhythmische Feinsteuerung und der gezielte Einsatz der elastischen Energie im Mittelpunkt. Das Training wird dynamischer und komplexer. Die Sportler sollen nicht nur technisch korrekt springen, sondern auch unter wechselnden Bedingungen – engeren Linien, höheren Hindernissen, unterschiedlichen Bodenverhältnissen – stabil bleiben. Fortgeschrittene müssen in der Lage sein, im Bruchteil einer Sekunde Absprungpunkte anzupassen, Präzision in der Luft zu bewahren und direkt nach der Landung wieder in den Bewegungsrhythmus zurückzufinden. Während Anfänger noch Bewegungsabläufe „lernen", beginnen Fortgeschrittene, sie bewusst zu gestalten. Zusätzlich nimmt die mentale Komponente eine größere Rolle ein. Fortgeschrittene müssen Entscheidungen schneller treffen, Parcours strategisch analysieren und Fehler eigenständig korrigieren. Ihre Trainingsmethodik ist daher stärker individualisiert, variabler und sportartspezifisch, während Anfänger einen eher breiten, grundlegenden Zugang erhalten.

ZUSAMMENFASSUNG

Anfängertraining legt die Basis für sauberes Springen. Es vermittelt grundlegende Bewegungsabläufe, stabilisiert die Beinachse, entwickelt Körpergefühl und schult einfache Rhythmus- und Koordinationsaufgaben. Das Training ist klar strukturiert, langsam steigernd und stark technikorientiert. Ziel ist es, eine sichere, stabile und ökonomische Grundtechnik aufzubauen. Fortgeschrittenentraining baut auf diesen Grundlagen auf und verfeinert sie in Richtung höherer Dynamik, Präzision und Anpassungsfähigkeit. Das Training wird komplexer, schneller und variabler. Fortgeschrittene lernen, technische Abläufe gezielt zu steuern, Parcours taktisch zu bewältigen und auch unter hohen Belastungen eine stabile Körperkontrolle zu behalten.

KURZ GESAGT:

Anfänger lernen, wie man springt – Fortgeschrittene lernen, wie man gut und effizient springt.

Anfänger entwickeln Grundlagen, Fortgeschrittene entwickeln Qualität.

Was bei Anfängern Stabilität bedeutet, wird bei Fortgeschrittenen Dynamik, Präzision und bewusste Technikgestaltung.

TRAININGSPLANUNG

Mit einer durchdachten Trainingsplanung kann man seine Ziele schneller erreichen.

Trainingsplanung und Belastungssteuerung

Eine durchdachte Trainingsplanung und eine verantwortungsvolle Belastungssteuerung bilden das Fundament eines gesunden, nachhaltigen und erfolgreichen Springtrainings im Hobby Horsing.

Besonders weil der Sportler alle Bewegungen – von der Vorbereitung über den Absprung bis zur Landung – selbst ausführt und keine Unterstützung durch ein Tier erfährt, wirken hohe Belastungen direkt und ungefiltert auf den menschlichen Bewegungsapparat. Ein systematisch gestaltetes Training schützt die Sportler vor Überforderung, sorgt für stetige Leistungsentwicklung und hilft dabei, technische Fertigkeiten langfristig zu stabilisieren. Eine gute Trainingsplanung berücksichtigt dabei Alter, Trainingsstand, körperliche Voraussetzungen und individuelle Belastbarkeit.

Am Beginn jeder Trainingsplanung steht die klare Zielsetzung. Ein Training ohne Ziel verliert schnell an Struktur und führt häufig zu einseitiger oder übermäßiger Belastung. Ziele können technischer Natur sein – etwa ein sauberer Absprung, eine kontrollierte Landung oder der Aufbau eines flüssigen Rhythmus –, oder sie können leistungsbezogen ausgerichtet sein, wie das Bewältigen höherer Hindernisse oder komplexerer Parcours. Auch gesundheitsorientierte Ziele, etwa die Verbesserung der allgemeinen Fitness, der Rumpfstabilität oder der Beweglichkeit, spielen im Hobby Horsing eine große Rolle. Die Ziele bestimmen

Tipp

Mit Seilspringen förderst du gezielt deine Sprungkraft.

Guter Absprung, passender Blickwinkel, jedoch fehlende Körperspannung

letztlich, wie die Trainingseinheiten aufgebaut werden, wie oft trainiert wird und wie die Belastung gesteuert werden muss.

Ein wesentlicher Bestandteil der Trainingsplanung ist die Auswahl geeigneter Trainingsinhalte. Eine ausgewogene Trainingseinheit besteht aus Warm-up, Hauptteil und Cool-down. Während das Warm-up den Körper gezielt auf die Belastung vorbereitet und die Gelenke mobilisiert, finden im Hauptteil die technischen, konditionellen oder taktischen Inhalte ihren Platz. Das Cool-down dient dazu, die Muskulatur zu entlasten, die Herzfrequenz zu senken und Regenerationsprozesse einzuleiten. Je nach Leistungsniveau kann der Schwerpunkt im Hauptteil stark variieren: Anfänger benötigen eher viele Wiederholungen einzelner Technikelemente, während Fortgeschrittene zunehmend komplexe Übungen und Parcours absolvieren.

Eine zentrale Rolle in der Trainingssteuerung spielt das Belastungsmanagement. Jede Trainingseinheit sollte so gestaltet sein, dass sie den Sportler fordert, aber nicht überlastet. Eine zu geringe Belastung führt zu Stagnation, eine zu hohe Belastung zu Fehltechnik und Verletzungsrisiken. Besonders im Springen ist eine Überlastung schnell erkennbar: Die Sprünge werden flacher, die Körperspannung nimmt ab, und die Landungen verlieren an Stabilität. Dies sind deutliche Zeichen dafür, dass die Belastung reduziert oder Trainingsinhalte angepasst werden müssen.

Ein gut gesteuertes Training orientiert sich am sogenannten Belastungs-Erholungs-Prinzip: Auf intensive Belastungsphasen müssen immer ausreichend lange Erholungsphasen folgen, damit der Körper die gesetzten Reize verarbeiten und die Leistungsfähigkeit steigern kann.

In der Trainingswoche sollte darauf geachtet werden, dass hohe und niedrige Belastungstage sinnvoll aufeinanderfolgen. Ein Beispiel für eine ausgewogene Trainingsstruktur könnte darin bestehen, einen Tag mit intensiver Technikarbeit oder höheren Sprüngen durch einen Tag mit leichtem Lauf- oder Koordinationstraining zu ergänzen. Kinder und Jugendliche benötigen generell mehr Erholung als Erwachsene, da ihr Körper noch wächst und sensible Entwicklungsphasen durchläuft. Das Training sollte daher abwechslungsreich und nicht übermäßig repetitiv gestaltet werden.

Ein weiterer wichtiger Bestandteil der Trainingsplanung ist die periodisierte Steigerung der Belastung. Ein stetiger Fortschritt wird nicht dadurch erreicht, dass der Sportler in jeder Einheit höher springt, sondern durch eine planvolle Entwicklung. Zunächst werden Technik und Bewegungsqualität gefestigt, dann folgt eine allmähliche

Eine gerade Haltung ist die halbe Miete.

Hobby Horser in der Schwebephase

Steigerung der Intensität, sei es über die Erhöhung der Hindernishöhen, die Einführung von Kombinationen oder eine wachsende Anzahl aufeinanderfolgender Sprünge. Dabei sollte immer darauf geachtet werden, dass Fortschritte erst dann intensiviert werden, wenn die Grundtechnik stabil beherrscht wird.

Auch die Regeneration nimmt in der Trainingsplanung eine bedeutende Rolle ein. Der Körper benötigt nach intensiven Sprungbelastungen Zeit für Reparatur- und Anpassungsprozesse. Nur wer ausreichend schläft, sich ausgewogen ernährt und den Körper nicht dauerhaft überlastet, kann langfristig leistungsfähig bleiben. Besonders Anfänger überschätzen oft ihre Belastbarkeit und möchten möglichst schnell Fortschritte sehen. Hier ist es Aufgabe des Trainers, bewusst auf Ruhezeiten hinzuweisen und klar zu kommunizieren, dass Regeneration integraler Bestandteil eines professionellen Trainingsprozesses ist.
Ein gutes Trainingsmanagement beinhaltet zudem die Beobachtung individueller Anzeichen von Ermüdung. Dazu gehören Konzentrationsverlust, zunehmende Unsicherheit in der Bewegung, Beschwerden an Knie oder Sprunggelenk sowie ein allgemeines Gefühl von Schwere. In solchen Fällen sollte das Training angepasst, verkürzt oder durch weniger belastende Inhalte ersetzt werden. Besonders im Hobby Horsing, wo Wiederholungen von Sprüngen eine hohe Belastung darstellen, ist es wichtig, Belastungsspitzen zu vermeiden.

Langfristig sollte eine Trainingsplanung zyklisch aufgebaut sein. Das bedeutet, dass Trainingsphasen sich abwechseln: technische Grundlagenphasen, Aufbauphasen, Belastungsphasen und Erholungsphasen. Diese Struktur ermöglicht eine stetige Weiterentwicklung, ohne dass der Körper überlastet wird. Innerhalb eines Monats können beispielsweise zwei Wochen mit intensiver Technikarbeit, eine Woche mit Parcoursschwerpunkt und eine Woche mit regenerationsorientierten Inhalten geplant werden. Diese Abwechslung hält den Körper leistungsfähig und das Training motivierend.

Zusammenfassend lässt sich sagen, dass eine professionelle Trainingsplanung im Hobby Horsing weit mehr ist als die Entscheidung, welche Hindernisse an einem Tag aufgebaut werden. Sie ist ein ganzheitlicher Prozess, der technische Inhalte, körperliche Belastung, Regeneration, Motivation und langfristige Ziele miteinander verbindet. Wer die Belastung gezielt steuert und die Trainingspläne an die individuellen Bedürfnisse der Sportler anpasst, schafft die Grundlage für eine gesunde Entwicklung, nachhaltigen Fortschritt und ein Springtraining, das sowohl leistungsorientiert als auch körperlich verantwortungsvoll ist.

Beim Training sind auch Pausen wichtig.

PARCOURSAUFBAU, LINIENFÜHRUNG UND HINDERNISARTEN

adidas
80
70
60
50
40
30
20

PARCOURSBEISPIELE FÜR DAS TRAINING

Trainingsrelevante Varianten
für Technik, Rhythmus und Wendungen

Unterschiedliche Parcoursbeispiele

Der Aufbau eines Parcours und die bewusste Gestaltung der Linienführung bilden einen entscheidenden Bestandteil des Springtrainings im Hobby Horsing. Beide Elemente bestimmen nicht nur den sportlichen Anspruch, sondern beeinflussen unmittelbar die Sicherheit, den Bewegungsfluss und die technische Ausführung des Springens.

Ein sinnvoll aufgebauter Parcours führt den Sportler in einem harmonischen Ablauf von einem Sprung zum nächsten, fordert rhythmische Kontrolle und fördert die Fähigkeit, Entscheidungen unter Bewegung zu treffen. Die Linienführung wiederum beschreibt die Laufbahn, auf der der Sportler diese Hindernisse anläuft und verlässt, und ist damit eng mit dem Parcoursaufbau verknüpft. Je besser ein Parcours strukturiert ist, desto besser kann der Sportler seine Bewegungen planen, Kräfte einteilen und technische Fertigkeiten bewusst anwenden. Beim Aufbau eines Parcours ist zunächst entscheidend, dass die Hindernisse nicht zufällig platziert werden, sondern einem klaren methodischen Gedanken folgen. Besonders im Hobby Horsing, wo die gesamte Bewegungskraft aus dem eigenen Körper stammt, ist es wichtig, die Abstände zwischen den Hindernissen so zu wählen, dass der Sportler genügend Zeit hat, Rhythmus und Geschwindigkeit zu regulieren. Enge, technisch anspruchsvolle Linien eignen sich eher für fortgeschrittene Sportler, während Anfänger weite Bögen und klar erkennbare Linien benötigen, um Absprungpunkte und Bewegungsrichtung besser einschätzen zu können. Ein Parcours sollte niemals darauf ausgelegt sein, die Sportler zu „überlisten", sondern vielmehr dazu dienen, Bewegungsverständnis, Sicherheit und Technik weiterzuentwickeln.

Hobby Horser über dem Sprung

Beispiele für leichte bis schwere Parcours

Hier findest du Beispielparcours in unterschiedlichen Schwierigkeitsstufen. Sie zeigen mögliche Aufbauformen und Hindernisarten. Die Parcours dienen als Anregung und können individuell angepasst werden.

Leicht

Eignet sich für Zeit- und Punktespringen.

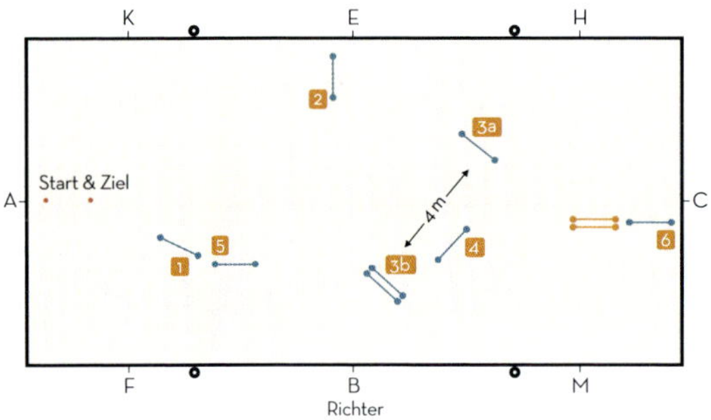

Leicht

Eignet sich für Zeit-, Ideal- und Stilspringen.

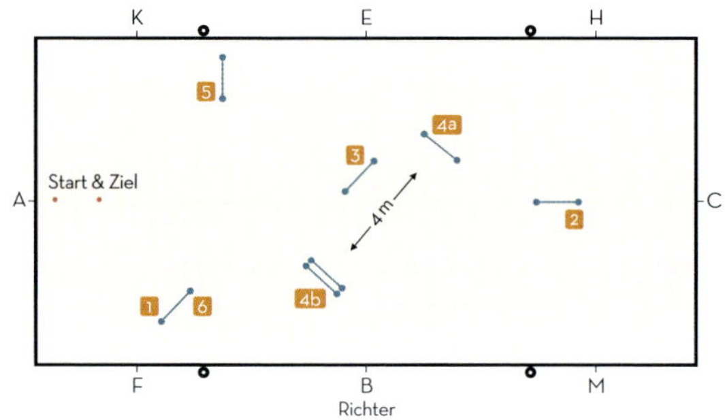

Leicht bis mittel

Eignet sich für Zeit-, Ideal- und Stilspringen.

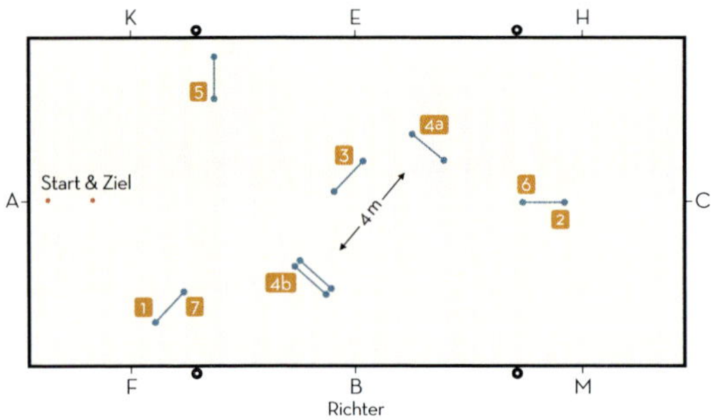

Die Symbole

- Einzelhindernis
- Oxer
- Triplebarre
- Trabstangen
- Überbauter Wassergraben 40 cm
- Wassergraben 80 cm

Mittel

Eignet sich für Stil- und Punktespringen.

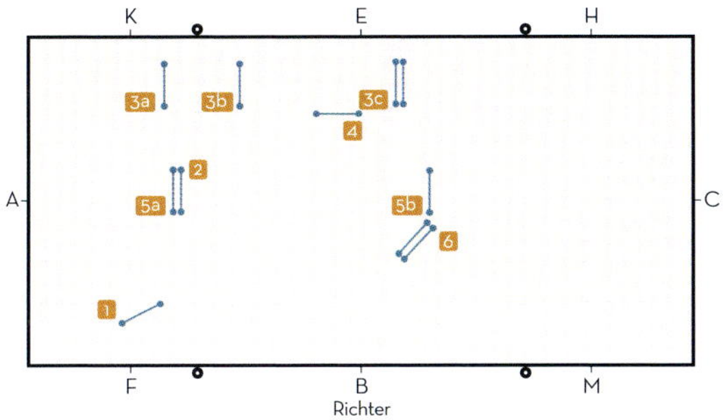

Mittel

Eignet sich für Stil- und Punktespringen.

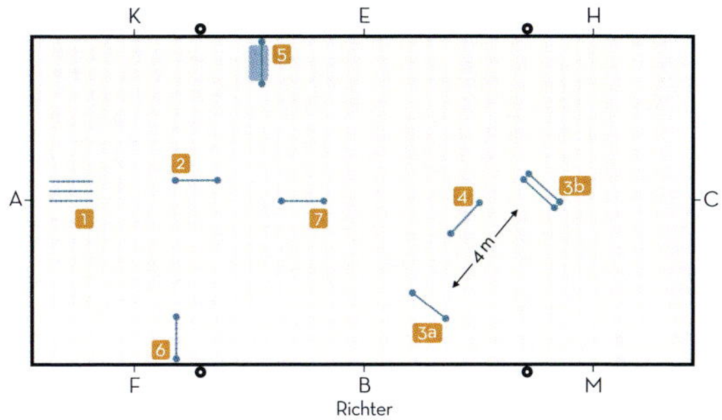

Mittel bis schwer

Eignet sich für Zeit-, Stil-, Punkte- und Idealspringen.

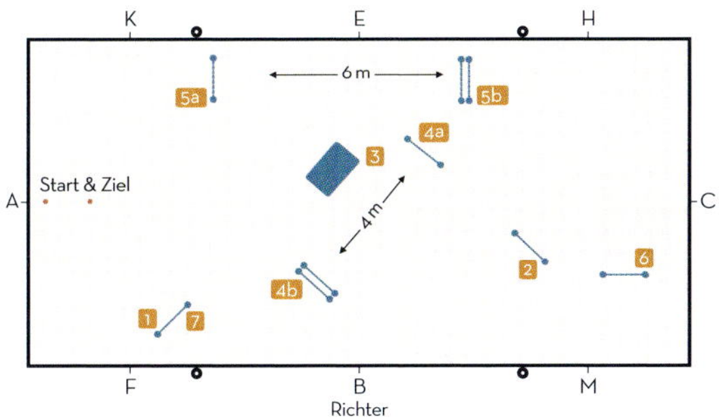

Parcoursvarianten

Du siehst hier Skizzen für mittlere und schwere Parcours.

Je nach Schwierigkeitsgrad wird die Anzahl der Hindernisse erhöht und durch verschiedene Hindernisarten ergänzt.

Oxer, Trippelbarre und Wassergraben sorgen für Abwechslung und stellen höhere Anforderungen an Technik, Tempo und Kontrolle.

Schwer

Eignet sich für Stil- und Punktespringen.

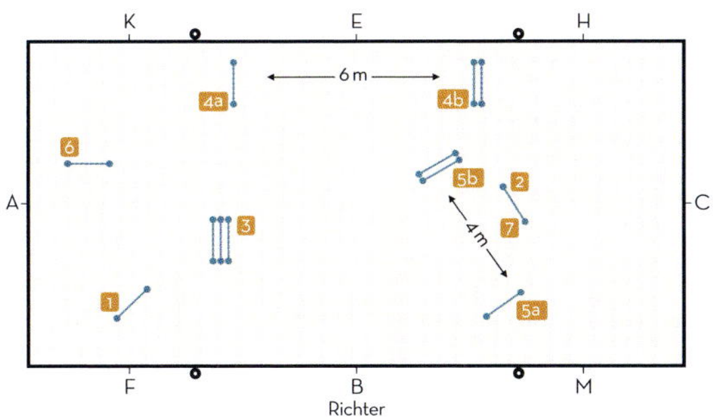

Schwer

Eignet sich für Stil- und Punktespringen.

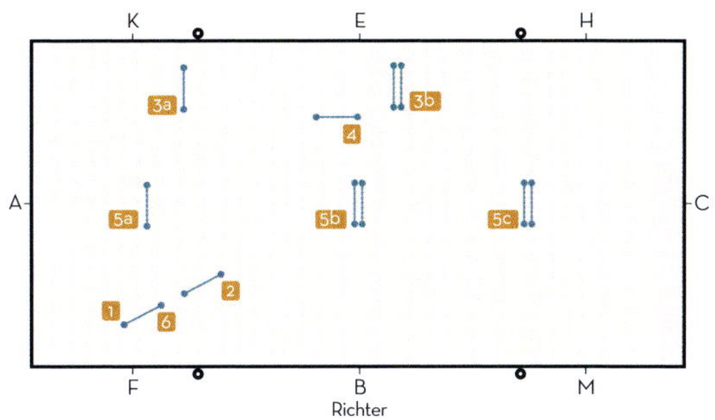

Hobby Horser mit Blick
auf das nächste Hindernis

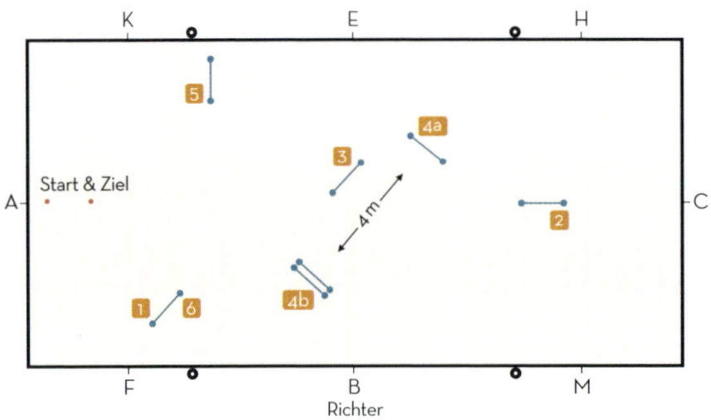

Beispielparcours für Zeit- oder Idealspringen
im Training

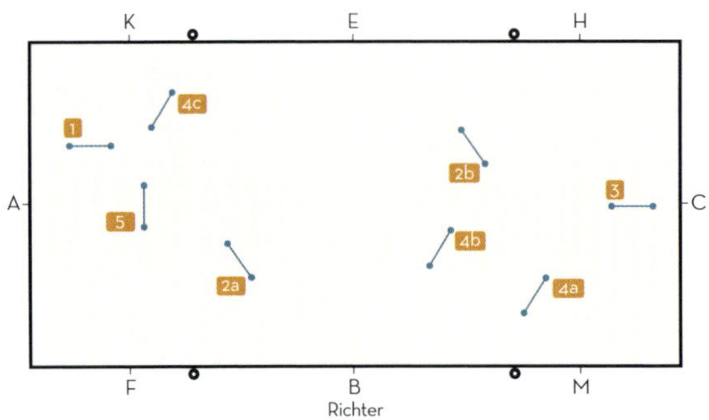

Parcours für Stilspringen und Punktespringen

Die Linienführung ist der rote Faden, der den Sportler durch den gesamten Parcours leitet. Sie bestimmt, in welchem Winkel ein Hindernis angelaufen wird, wie der Körper in Kurven positioniert wird und wie der Bewegungsfluss zwischen den Sprüngen gelingt. Gute Linienführung bedeutet, auf einer sauberen, bewusst gewählten Bahn zu laufen, anstatt von Hindernis zu Hindernis zu „springen". Eine harmonische Linie ermöglicht es dem Sportler, den Rhythmus konstant zu halten, den Absprung präziser zu treffen und unmittelbar nach der Landung wieder in einen stabilen Gleichschritt zu finden. Je enger ein Weg gewählt werden muss, desto stärker sind Körperbeherrschung, Rumpfstabilität und Blickführung gefordert. Weite Linien dagegen geben mehr Zeit, sind leichter einzuschätzen und fördern ein sicheres Bewegungsgefühl.
Die Blickführung ist ein zentraler Teil der Linienführung. Der Körper folgt immer dem Blick, weshalb der Sportler lernen muss, nicht auf das Hindernis selbst, sondern über das Hindernis hinweg in die Laufrichtung zu schauen. Wer zu früh oder zu stark auf die Latte fokussiert, verliert Stabilität im Oberkörper, senkt den Schwerpunkt unbewusst ab oder verändert die Schrittfrequenz. Eine korrekte Blickführung erkennt den kommenden Linienverlauf bereits

mehrere Meter im Voraus, was die gesamte Bewegung flüssiger macht. Vor allem beim Anlaufen auf Kombinationen oder gebogene Linien ist dies ein entscheidender Erfolgsfaktor. Ein guter Parcours berücksichtigt außerdem, dass unterschiedliche Hindernisarten unterschiedliche Anforderungen stellen. Gerade, breite Sprünge fördern die rhythmische Grundarbeit, während schmale oder diagonal gestellte Hindernisse Präzision fordern. Oxer oder Longen-Hindernisse benötigen mehr Aufmerksamkeit beim Absprungpunkt, während Cavaletti oder Bodenstangen die Schrittfrequenz beeinflussen. Im Gelände oder bei Naturhindernissen kommt die zusätzliche Anforderung der Bodenbeschaffenheit hinzu, die die Linienführung verändern kann. All diese Faktoren müssen im Aufbau berücksichtigt werden, damit der Parcours nicht überfordernd wirkt, sondern die sportliche Entwicklung sinnvoll unterstützt.
Im fortgeschrittenen Bereich gewinnt die Linienführung an technischer Tiefe. Sportler lernen, bewusst unterschiedliche Wege zu wählen – den direkten Weg für schnelle Zeiten oder den weiteren, aber stabileren Weg für kontrollierte Linien. Sie lernen, wie sich die eigene Geschwindigkeit auf die Distanz zwischen den Sprüngen auswirkt und wie sie ihre Schritte variieren können, um einen präzisen Absprungpunkt zu erreichen. Das Spiel zwischen engeren Wendungen, rhythmischen Distanzen und taktischen Entscheidungen macht einen Parcours erst zu einer echten sportlichen Herausforderung.
Auch die Positionierung der Hindernisse zueinander ist im Parcoursaufbau von großer Bedeutung. Linien, die zu eng, zu scharf oder unübersichtlich gesetzt sind, erhöhen das

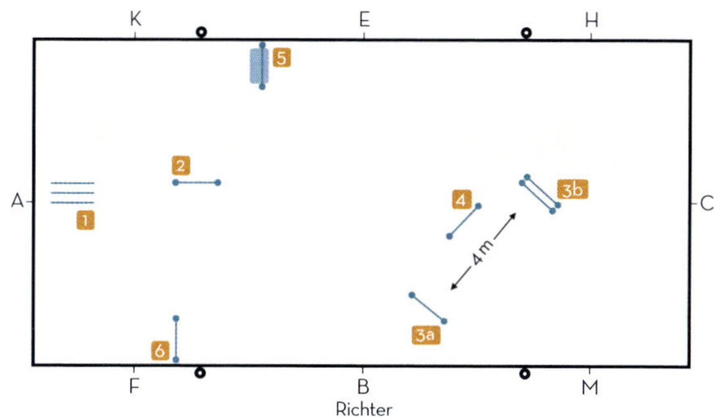

Parcours für Stilspringen

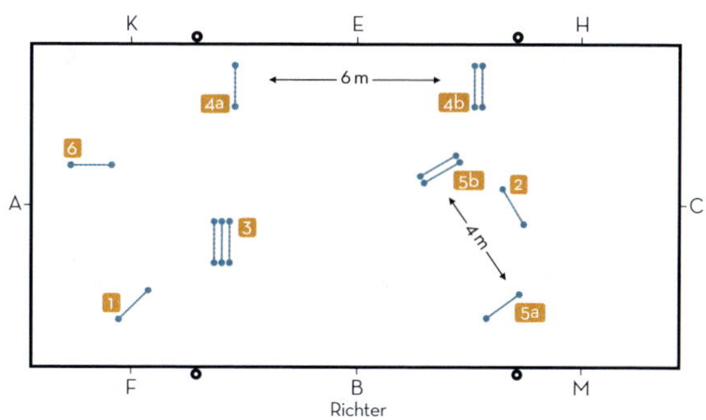

Parcours für Stil, Zeit- oder Idealspringen

Verletzungsrisiko und führen zu hektischen Bewegungen. Ein guter Parcours entsteht aus der Kombination von logischer Abfolge, klarer Struktur und abwechslungsreichen Aufgaben. Hindernisse sollten so arrangiert werden, dass der Sportler sowohl seine Sprungtechnik als auch seine Koordinationsfähigkeit, Geschmeidigkeit und Bewegungsplanung schulen kann. In Kombinationen oder Doppelhindernissen müssen die Abstände so gestaltet sein, dass sie bei einem kontrollierten Rhythmus erreichbar sind. Die Erfahrung zeigt, dass die besten Parcours diejenigen sind, die anspruchsvoll, aber nicht unfair gestaltet sind und den Sportler zu präzisem Denken und sauberer Technik herausfordern. Die Linienführung schult zudem das räumliche Vorstellungsvermögen. Sportler müssen abschätzen, wie Kurven ihren Anlauf beeinflussen, wie der Körper in Bögen ausgerichtet sein muss und wann sie ihre Geschwindigkeit kontrollieren müssen, um nicht zu dicht oder zu weit vom Sprung entfernt zu sein. Diese Fähigkeiten entwickeln sich nur durch wiederholtes Training unter variierenden Bedingungen. Je größer die Erfahrung im Parcours, desto zuverlässiger wird die Entscheidungskompetenz im Wettkampf. Zusammenfassend lässt sich sagen, dass der Parcoursaufbau und die Linienführung die kreative und gleichzeitig technisch anspruchsvolle Seite des Springtrainings darstellen. Sie verbinden physische Leistungsfähigkeit mit strategischem Denken und präziser Körperkontrolle. Ein gut gestalteter Parcours fördert nicht nur die sportliche Entwicklung, sondern trägt auch maßgeblich dazu bei, dass Hobby Horsing als Springdisziplin sicher, abwechslungsreich und motivierend ausgeübt werden kann. Die Fähigkeit,

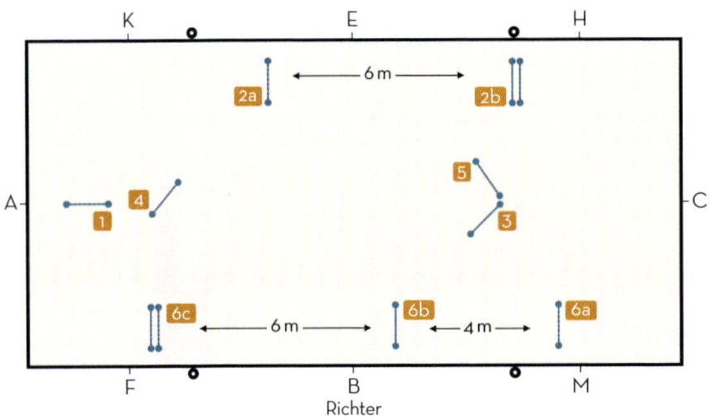

Parcours für Stilspringen

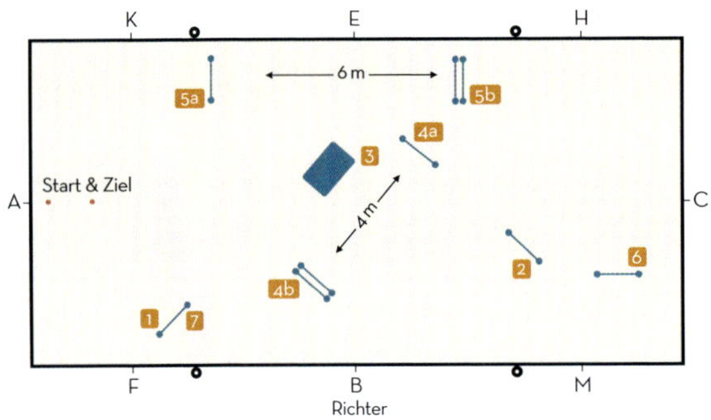

Parcours für Zeit- und Idealspringen

Hobby Horser beim Zeitspringen

eine Linie bewusst zu wählen, Hindernisse flüssig anzulaufen und das eigene Tempo taktisch zu steuern, ist ein zentrales Qualitätsmerkmal fortgeschrittener Springtechnik – und macht den Sport zu einer faszinierenden Verbindung aus Athletik, Rhythmus und Kreativität.

PARCOURSSKIZZE

Die Parcoursskizze ist ein zentraler Bestandteil jeder Springprüfung im Hobby Horsing. Sie dient dazu, den Sportlerinnen und Sportlern einen klaren Überblick über den geplanten Parcours zu geben und ihnen die Möglichkeit zu bieten, sich vor dem Start mit Linienführung, Hindernisarten und Sprungabfolge vertraut zu machen. Eine sorgfältig gestaltete Parcourszeichnung erhöht nicht nur die Sicherheit, sondern trägt wesentlich zu einem fairen und transparenten Wettkampfablauf bei. Sie ist deshalb verpflichtend und muss den Teilnehmenden vor Prüfungsbeginn zugänglich gemacht werden – entweder bereits vorab in der Ausschreibung oder spätestens am Turniertag in gut sichtbarer Form.

Hobby Horser im Turnieroutfit

Bei Meisterschaften gelten erhöhte Anforderungen an Chancengleichheit und Neutralität. Aus diesem Grund wird der Parcours bei diesen Veranstaltungen nicht bereits im Vorfeld veröffentlicht. Die Teilnehmenden sehen die Parcoursskizze erst am Veranstaltungstag. Diese Vorgehensweise stellt sicher, dass niemand vorab individuelle Trainingsvorteile hat und alle Sportler unter gleichen Bedingungen starten. Jede Parcoursskizze muss eine klare Nummerierung der Hindernisse enthalten. Diese Nummerierung beginnt mit Hindernis Nummer 1 und führt in logischer Reihenfolge durch den Parcours. Die Nummern der Sprünge müssen sowohl in der Skizze als auch auf dem real aufgebauten Parcours angebracht sein, damit eine eindeutige Orientierung möglich ist. Bei Kombinationen – also Hindernisfolgen mit engem Abstand – wird nicht mit neuen Zahlen, sondern mit Buchstaben gearbeitet. Ein Hindernis 7 in Kombination würde demnach als 7a, 7b und gegebenenfalls 7c gekennzeichnet werden. Diese klare Kennzeichnung erleichtert den Teilnehmenden, die Struktur einer Kombination zu erfassen und sich die Abfolge der Sprünge korrekt zu merken.

Neben der Hindernisabfolge sind auch die Start- und Ziellinie verbindliche Bestandteile der Parcoursskizze. Die Startlinie markiert den Moment, in dem die Zeitmessung oder die Bewertung beginnt, während die Ziellinie den Abschluss der Prüfung definiert. In der Skizze müssen beide Linien eindeutig eingezeichnet und klar beschriftet sein. Ebenso wichtig ist die Angabe der Sprungrichtung, damit erkennbar ist, von welcher Seite aus ein Hindernis korrekt anzureiten ist. Dies kann durch Pfeile, durch die Positionierung der Hindernisnummer oder durch eine Kombination beider Methoden dargestellt werden.

Auch die Position der Richter ist in der Parcoursskizze anzugeben. Sie dient der Orientierung und zeigt, wo sich die Hauptbewertungspositionen befinden. Dies ist besonders relevant, wenn bestimmte Linien oder Sprünge aus einem bestimmten Blickwinkel beurteilt werden müssen, etwa beim Stilspringen, bei Kombinationen oder bei besonderen technischen Anforderungen. Die Kenntnis dieser Positionen gibt den Teilnehmenden die Möglichkeit, ihren Parcourslauf entsprechend vorzubereiten.

Ein weiterer qualitativer Aspekt einer guten Parcourszeichnung liegt darin, die Hindernisse nicht nur als generische Symbole darzustellen, sondern so zu visualisieren, dass ihre Art erkennbar ist. Ein Steilsprung sollte sich grafisch beispielsweise deutlich von einem Oxer unterscheiden, ein Kreuz sollte als solches gut erkennbar sein, und ein Wassergraben sollte visuell abgesetzt dargestellt werden. Diese differenzierte Darstellung trägt dazu bei, dass die Sportlerinnen und Sportler sich mental bereits auf die technischen Besonderheiten vorbereiten können. Ebenso empfiehlt es sich, auch Dekorationen wie Blumenschmuck, optisch auffällige Seitenteile oder seitliche Begrenzungen in der Skizze zu vermerken, da diese die optische Wirkung eines Hindernisses entscheidend beeinflussen können.

Die Parcoursskizze erfüllt damit eine doppelte Funktion: Sie ist sowohl ein Informationsinstrument zur Vorbereitung als auch eine Sicherheitsmaßnahme, die Orientierung schafft und Missverständnisse verhindert.

Ihre Qualität hat einen direkten Einfluss auf den Wettkampfverlauf, das sportliche Verhalten der Teilnehmenden und die Fairness gegenüber allen Starterinnen und Startern. Ein klar strukturierter, präziser und vollständig beschrifteter Plan ist daher unverzichtbar für jedes professionelle Hobby-Horsing-Turnier.

Tipp

Du kannst alle Beispielparcours ausprobieren

DER VOLLSTÄNDIGE BEWEGUNGSABLAUF IM PARCOURS

Zusammenspiel von Anreiten, Absprung, Landung und Weiterführung

Der vollständige Bewegungsablauf im Parcours

Der vollständige Bewegungsablauf im Parcours vereint alle technischen, taktischen und körperlichen Elemente des Springens zu einer flüssigen, harmonischen Gesamtheit.

Während einzelne Sprünge isoliert geübt werden können, verlangt ein vollständiger Parcours die Fähigkeit, mehrere Bewegungsabläufe hintereinander auszubalancieren, die Geschwindigkeit situativ zu steuern, die Linienführung bewusst zu wählen und zwischen Absprung, Flug und Landung nahtlos zu wechseln. Der Parcours bildet damit die höchste organisatorische Einheit des Springtrainings – er ist die Verbindung einzelner Sprungtechniken zu einer komplexen Bewegungsaufgabe, bei der Rhythmus, Timing, Körperkontrolle und mentale Klarheit zusammenwirken.
Der Bewegungsablauf beginnt lange bevor der Sportler den ersten Sprung tatsächlich anläuft. Bereits der Start ist ein wesentlicher Bestandteil der Parcoursarbeit. Ein kontrollierter, selbstbewusster Startschritt legt die Grundlage für den ersten Anlauf, der den Rhythmus und den Energiefluss in der gesamten folgenden Bewegung prägt. Eine zu schnelle oder hektische Startphase führt zu einem unruhigen Rhythmus, der sich über den gesamten Parcours hinweg negativ auswirken kann. Ein ruhiger, strukturierter Beginn hingegen ermöglicht es dem Sportler, von Anfang an ein konstantes Tempo aufzubauen, den Blick wachsam auf die kommenden Hindernisse zu richten und sich mental auf die Struktur des Parcours einzustimmen.

Hobby Horser auf dem Weg zum nächsten Sprung

Hobby Horser mit Blick zum nächsten Sprung

Der Anlauf zum ersten Hindernis ist entscheidend für die Qualität des gesamten Ablaufs. Er muss weder zu lang noch zu kurz sein, sondern im Einklang mit dem Weg und der eigenen Schrittfrequenz stehen. Der Blick richtet sich frühzeitig auf die Linie, die zum Hindernis führt, und der Körper findet in einen gleichmäßigen Laufrhythmus. Dieser Rhythmus ist im Parcours der Schlüssel zur Stabilität: Er hält die Bewegungen flüssig, unterstützt die Vorbereitung des Absprungs und verringert die Gefahr unkontrollierter Korrekturen. Gleichzeitig ist eine gute Körperhaltung unerlässlich, denn sie bestimmt die Kraftübertragung und die Stabilität während der gesamten Bewegung. Ein aufrechter Oberkörper, eine aktive Rumpfspannung und eine ruhige Armhaltung sorgen für Kontrolle und Balance.

Der Absprung wird im Parcours zu einem taktischen Element. Er hängt nicht nur vom Hindernis selbst ab, sondern auch von der Lauflinie, vom Tempo und von der Anforderung des folgenden Sprungs. Der Sportler muss den Absprungpunkt präzise erkennen und gleichzeitig flexibel genug bleiben, auf Veränderungen im Rhythmus zu reagieren. Eine leichte Absenkung des Körperschwerpunkts, die bewusste Aktivierung der Beinmuskulatur und ein kontrolliertes Abfedern bereiten den Absprung vor. Der eigentliche Absprung erfolgt dynamisch und dennoch ruhig: Der Körper streckt sich kraftvoll nach oben, der Blick bleibt nach vorne gerichtet, und die Rumpfmuskulatur stabilisiert die Achse, sodass der Körper in eine klare Flugbahn übergeht. Die Flugphase ist im Parcours kürzer als bei vielen anderen Sprungsportarten, dennoch beeinflusst sie den Bewegungsfluss erheblich. Während dieser kurzen Phase muss der Körper ausbalanciert bleiben. Unnötige Bewegungen, hektische Armführungen oder ein instabiler Rumpf führen nicht nur zu Energieverlust, sondern stören auch die Vorbereitung auf die Landung. Da im Parcours mehrere Sprünge aufeinander folgen, ist die Flugphase nicht der Moment der Ruhe, sondern der Moment der mentalen und körperlichen Vorbereitung auf das nächste Element. Der Körper zeigt in dieser Phase, ob der Absprung sauber vorbereitet wurde: Eine stabile, zentrierte Flughaltung ist ein Zeichen hoher technischer Qualität.

Die Landung bildet den Übergang zur nächsten Bewegung. Sie muss weich und zugleich kontrolliert sein. Der Aufprall wird über Vor- und Mittelfuß abgefedert, Knie und Hüfte geben elastisch nach, und die Rumpfmuskulatur hält den Oberkörper stabil, um das Gleichgewicht nicht zu verlieren. Eine zu harte, unkontrollierte Landung zerstört den Rhythmus und erschwert den folgenden Anlauf, während eine zu weiche Landung wertvolle Energie absorbiert, die eigentlich in den nächsten Schritt übergehen könnte. Im Parcours ist die Landung daher kein Endpunkt, sondern ein Verknüpfungsmoment: ein kurzer, fließender Übergang zwischen dem, was gewesen ist, und dem, was unmittelbar danach kommt.

Hobby Horser beim Zeitspringen in der Schwebephase

Hobby Horser in Vorbereitung zur Wendung

Direkt nach der Landung beginnt die nächste Phase des Bewegungsablaufs: das Weiterlaufen in die nächste Linie. Diese Übergangsphase ist oft unterschätzt, doch sie entscheidet darüber, wie harmonisch der Sportler durch den Parcours geführt wird. Der Körper muss schnell wieder in den Laufrhythmus finden, ohne dass die Sprungtechnik unterbrochen wird. Die Geschwindigkeit darf nicht abrupt verändert werden, sondern sollte im natürlichen Bewegungsfluss angepasst werden. Besonders komplex wird dieser Abschnitt, wenn eine Kombination oder ein eng gesetzter Wendepunkt folgt. In solchen Momenten zeigt sich die Fähigkeit des Sportlers, gleichzeitig zu stabilisieren, zu analysieren und zu reagieren. Die Linienführung verbindet alle Sprungphasen miteinander. Jeder Schritt im Parcours ist Teil einer Gesamtlinie, die der Sportler bewusst wählen und kontrollieren muss. Dabei geht es nicht nur um Effizienz, sondern auch um Sicherheit. Eine klar gewählte Linie verhindert unkontrollierte Richtungswechsel, reduziert die Gefahr eines falschen Absprungwinkels und ermöglicht eine konstante Körperspannung. Besonders bei gebogenen Linien, engen Wendungen oder diagonalen Anläufen ist die Blickführung entscheidend: Der Blick lenkt den Weg, der Weg formt die Bewegung, und die Bewegung bestimmt die Qualität des gesamten Sprungablaufs. Der Parcours endet häufig mit einem letzten Sprung, doch der Bewegungsablauf ist erst abgeschlossen, wenn der Sportler kontrolliert aus dem Rhythmus herausläuft. Ein bewusst geführter Abschluss stabilisiert die Gelenke, verhindert abruptes Abbremsen und signalisiert dem Körper das Ende der Belastung. Dieser Teil wird im Training oft vernachlässigt, obwohl er bio-

mechanisch wichtig ist: Ein sauberer Auslauf schützt den Bewegungsapparat und schließt den Parcours harmonisch ab.
Zusammenfassend verbindet der vollständige Bewegungsablauf im Parcours alle technischen Fertigkeiten des Springens zu einem Ganzen. Er verlangt nicht nur körperliche Leistungsfähigkeit, sondern auch taktisches Denken, räumliche Orientierung und hohe Konzentration. Ein gelungener Parcours ist weder das Ergebnis einzelner perfekter Sprünge noch reiner Muskelkraft, sondern die Summe aus Kontrolle, Planung, Timing und Rhythmus. Der Sportler lernt, mit dem Parcours zu „arbeiten" –, ihn nicht nur zu bewältigen, sondern aktiv zu gestalten. Diese Verbindung aus Technik, Dynamik und Strategie macht das Springen im Hobby Horsing zu einer anspruchsvollen, aber faszinierenden Bewegungsform.

Hobby Horser galoppiert auf den nächsten Sprung zu.

HINDERNISARTEN KENNEN LERNEN:

In diesem Kapitel lernst du die gängigsten Hindernisarten kennen.

Hindernisarten kennen

Hindernisse sind ein zentrales Element jedes Springtrainings im Hobby Horsing und bestimmen sowohl den technischen Anspruch als auch die Art der Bewegungskoordination.

Jede Hindernisart stellt unterschiedliche Anforderungen an Absprung, Flugphase und Landung. Der sichere Aufbau, die Materialwahl und die korrekte Platzierung sind wesentliche Voraussetzungen, um ein verletzungsfreies und realitätsnahes Training zu gewährleisten. Im Folgenden werden alle relevanten Hindernisarten ausführlich erläutert – von Bodenstangen bis zum Hochsprung.

1. Bodenstangen (für Schritt, Trab und Galopp)

Bodenstangen gehören zu den elementaren Ausbildungshilfen und sind besonders vielseitig einsetzbar. Sie liegen entweder direkt auf dem Boden oder werden mit einer leichten Wegrollsicherung fixiert. Ihr Zweck ist es, Rhythmus, Koordination und Schrittlänge zu schulen.
Im Schritt helfen Bodenstangen dabei, eine gleichmäßige Fußfolge zu fördern und die Gelenke zu mobilisieren. Im Trab dienen sie der Verbesserung des Gleichmaßes sowie der Stabilisierung der Beinachse. Im Galopp unterstützen sie das Gefühl für Tempo, Sprunglänge und Rhythmus – eine wichtige Grundlage für spätere Sprungfolgen.
Der Abstand der Stangen richtet sich nach der Gangart und dem Alter der Sportler. Da Hobby Horser keine vorgegebenen Pferde-Galoppsprünge imitieren, werden die Abstände individuell an die natürliche Schrittlänge angepasst.

Tipp

Bei komplexen Hindernissen, wie z. B. einem Oxer oder Wassergraben spricht man nicht von der Breite, sondern von der Tiefe des Sprungs, da der Körper eine längere Strecke in der Flugphase überwinden muss.

2. Cavaletti/Bodenricks

Cavaletti sind erhöhte Bodenstangen, die maximal 20 cm über dem Boden liegen. Sie befinden sich auf leichten Kreuzständern oder werden in Pylonenhalterungen eingesteckt. Das Material sollte stets leicht und nachgiebig sein, damit eine Berührung keine Verletzungsgefahr darstellt.

Sie eignen sich hervorragend für:
– das Verbessern des Gleichgewichts,
– das Schulen der Knie- und Sprunggelenksarbeit,
– das rhythmische Überspringen im Trab oder Galopp,
– das Erarbeiten von Sprunglänge und sicherem Anreiten.

Cavaletti eignen sich zum Üben von Sprungtechniken und können flexibel in Serien aufgebaut werden.

3. Kreuzsprung (Kreuz)

Ein Kreuz besteht aus zwei Stangen, die sich überkreuzt zu einem X formen. Das äußere Ende jeder Stange liegt am Boden, während das innere Ende auf einer Ständerauflage ruht. Dadurch entsteht ein sehr breiter, tieferer Mittelpunkt, der optisch besonders einladend wirkt.

Ein Kreuz eignet sich hervorragend für Anfänger, da:
– die Mitte leichter zu erkennen ist,
– der Sprung eine natürliche Mitte vorgibt,
– Fehlabsprünge weniger wahrscheinlich sind,
– der Sprung optisch „freundlicher“ wirkt.

Es fördert eine natürliche Zentrierung im Sprung und vermittelt Sicherheit.

1. Cavaletti/ Bodenrick

2. Kreuzsprung (Kreuz)

1

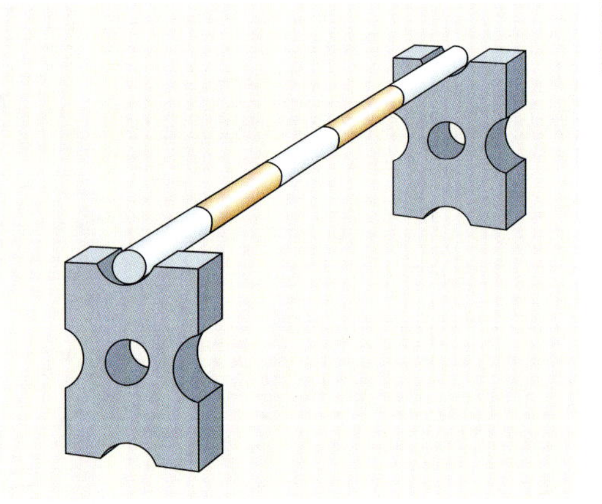

2

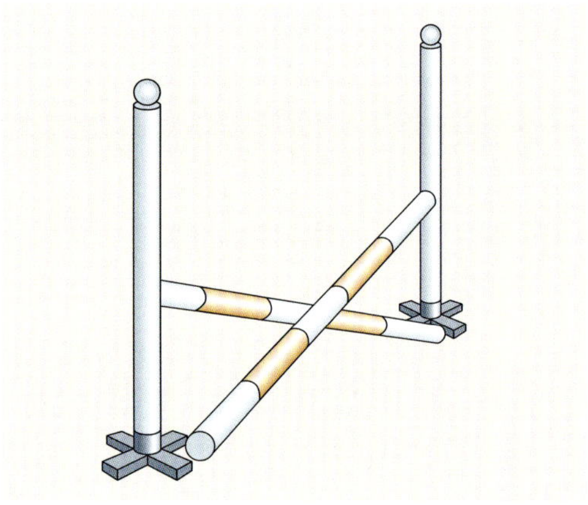

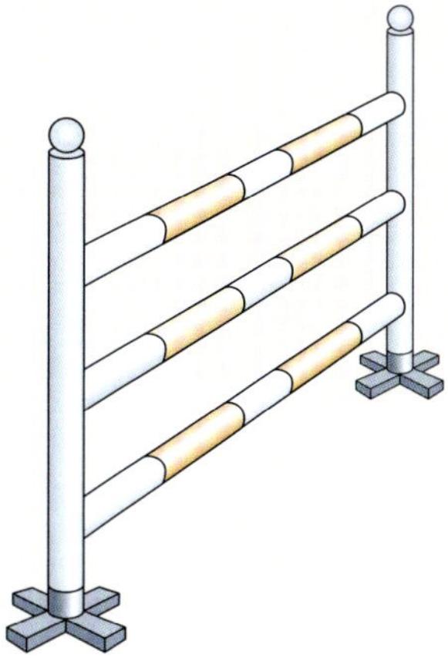

1

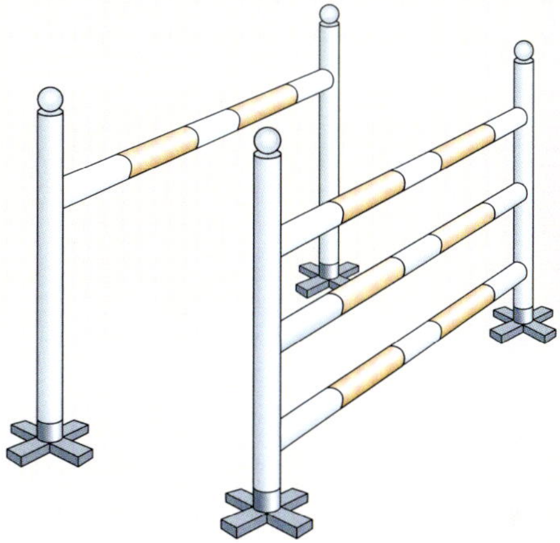

2

1. Steilsprung

2. Oxer

4. Steilsprung

Der Steilsprung besteht aus zwei Ständern und einer oder mehreren waagerechten Stangen oder Planken. Wichtig ist, dass alle Materialien leicht sind und über Sollbruchstellen verfügen, damit sie bei Berührung nachgeben.

Merkmale eines Steilsprungs:
– vertikal orientierter Sprung
– Fokus auf Höhe statt Weite
– erfordert präzisen Absprungpunkt
– schult Körperspannung und Streckbewegung

5. Oxer

Ein Oxer ist ein Hoch-Weit-Sprung aus zwei Steilsprüngen, die hintereinanderstehen.

Er kann verschiedene Varianten besitzen:
– ansteigender Oxer (Ascending Oxer): vordere Stange niedriger, hintere höher
– Karree-Oxer: vordere und hintere Stange gleich hoch
– unterbaut: optional mit zusätzlichen Stangen oder Planken

Ein Oxer verlangt:
– einen etwas früher gewählten Absprungpunkt,
– eine harmonische Kombination aus Kraft und Technik,
– eine stabile Flugphase mit klarer Linie.
– Die Tiefe des Oxers muss mindestens die Hälfte seiner Höhe betragen. Beispiel 60 cm Höhe und 30 cm Tiefe.

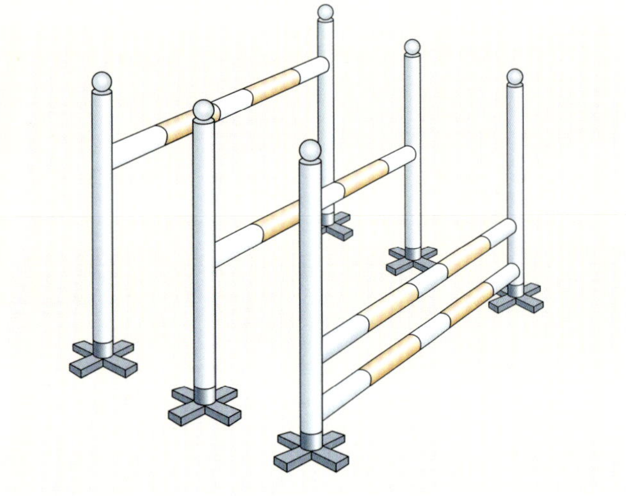

Trippelbarre

6. Trippelbarre

Die Trippelbarre ist ein Hoch-Weit-Sprung aus mindestens drei Steilsprüngen mit jeweils einer Stange, die treppenartig ansteigen. Sie ist die Kombination aus Weite und gradueller Höhensteigerung.

Besonderheiten:
– besonders anspruchsvoll
– Der Absprungpunkt muss weiter gewählt werden.
– große Bedeutung der Flugkurve
– klarer Fokus auf Streckung und Rumpfstabilität

Die Tiefe zwischen den einzelnen Stangen beträgt mindestens ein Drittel der Endhöhe.

7. Dach

Das Dach ist ein Hindernis, bei dem die höchste Stelle in der Mitte liegt. Es gleicht einem „Giebeldach".

Aufbau:
– mindestens drei Stangen hintereinander
– Die mittlere Stange ist die höchste.
– optisch ungewöhnlich, daher schwerer einzuschätzen
– Es schult Mut, Absprungkontrolle und optische Sicherheit.

8. Graben

Ein Graben ist eine trockene Erdvertiefung, über die gesprungen werden muss. Die nötige Weite muss in der Ausschreibung angegeben werden.

Wichtig:
– keine Wasserbefüllung
– klare Markierung der Ränder
– je nach Tiefe optisch anspruchsvoll

9. Mauer

Eine Mauer ähnelt einem Steilsprung, ist jedoch eine massive, undurchsichtige Fläche – allerdings aus leichtem Material wie Pappe, Schaumstoff oder Styropor, die bei Berührung sofort umfallen kann.

Durch ihr Erscheinungsbild fordert sie besonders:
– Mut
– optische Orientierung
– stabilen Absprung

10. Wassergraben

Ein Wassergraben kann auf verschiedene Arten dargestellt werden:
– blaue Turnmatte
– Isomatte
– bemalte Plane
– echte Erdvertiefung mit Wasser

Vor dem Graben kann ein niedriges (max. 10 cm) Hindernis stehen, aber niemals danach.

In der Ausschreibung muss angegeben sein:
– Weite des Grabens
– ggf. Höhe des vorgesetzten Hindernisses

1

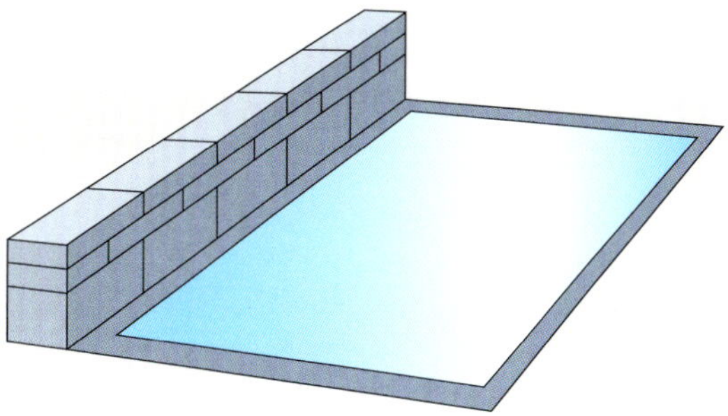

2

1. Mauer
2. Wassergraben

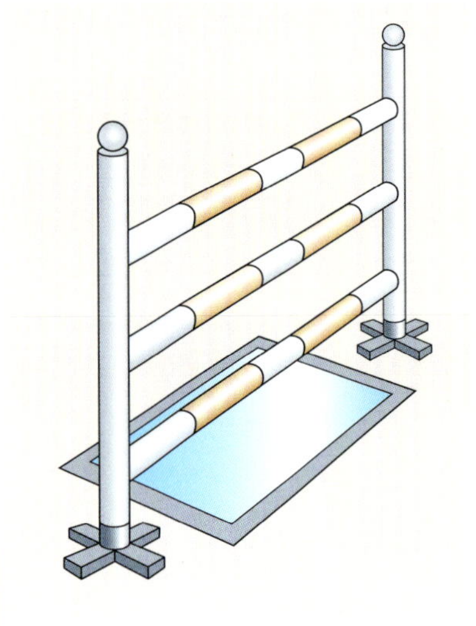

1

2

1. Überbauter Wassergraben

2. Hobby-Horsing-Hochsprung

11. Überbauter Wassergraben

Dies ist ein Steilsprung oder Oxer, der über einem Wassergraben errichtet wird. Diese Kombination erfordert einen sehr präzisen Sprung, da optische und technische Anforderungen sich überlagern.

12. Geländehindernisse

Geländehindernisse variieren stark und sind oft naturbelassen.

Beispiele:
- Baumstämme
- Blumenkästen
- Hecken
- Zaunelemente
- Erdwälle
- Rohre

Wichtig ist immer die Sicherheit: keine scharfen Kanten, keine Instabilität und keine festen, starren Aufbauten, die nicht nachgeben.

13. Hobby-Horsing-Hochsprung

Der HH-Hochsprung ist ein einzelner, frei stehender Steilsprung, der maximalen Fokus auf die Höhe legt. Idealerweise haben die Ständer eine Zahlen-Skala, die in der oberen Hälfte nur noch um wenige cm variiert.

Merkmale:
- nicht unterbaut
- steht mittig auf ebener Fläche
- erfordert perfekte Technik im Absprung
- misst ausschließlich Höhenleistung

EMPFOHLENE DISTANZEN FÜR KOMBINATIONEN NACH ALTERSKLASSEN

	5-7 Jahre	8-10 Jahre	11-15 Jahre
1 Galoppsprung	3,5-4 m	4-5 m	4,5-6 m
2 Galoppsprünge	4,5-5,5 m	5-6,5 m	5,5-7 m

Diese Werte dienen als praxisorientierte Richtlinien.
Je nach Sportler, Gangbild, Parcoursart (Stilspringen vs. Zeitspringen) und Boden können leichte Anpassungen nötig sein.

14. Kombinationen

Kombinationen bestehen aus zwei oder mehreren Hindernissen, die nacheinander in definiertem Abstand gesprungen werden.

Sie verlangen:
- Rhythmuskontrolle
- saubere Landung
- schnelles Finden des Gleichmaßes
- präzise Distanzwahl

Beim In-and-Out folgt der zweite Sprung ohne Galoppsprung dazwischen – hier ist ein Mindestabstand von 2 m Pflicht. Beim Hobby Horsing gibt es keine Einigkeit darüber, ob es ein In-and-Out geben soll.

Zweifache Kombination

1

WETTBEWERBSARTEN, TURNIERORDNUNG UND REGELWERKE

SPRINGPRÜFUNGEN AUF DEM TURNIER

Ablauf, Anforderungen und Bewertung im Überblick

Springklassen und -prüfungen auf dem Turnier

Das Springen im Hobby Horsing bietet eine beeindruckende Vielfalt an Wettbewerbsformen. Sie unterscheiden sich in Aufbau, Schwierigkeitsgrad und Bewertungsverfahren und ermöglichen es, den Sport sehr unterschiedlich zu erleben – von ersten kindgerechten Erfahrungen bis hin zu technisch anspruchsvollen Prüfungen mit taktischen Elementen. Im Folgenden werden alle im offiziellen Regelwerk des Deutschen Hobby Horsing Verbandes beschriebenen Wettbewerbsarten im Springen erläutert.

JUNIOR-SPRING-WETTBEWERB

Der Junior-Spring-Wettbewerb ist die klassische Einsteigerprüfung für jüngere Kinder und wird häufig auch inklusiv gestaltet. Die Hindernisse sind niedrig, der Parcours ist übersichtlich und einfach zu merken. Auf Wunsch dürfen Trainer oder Betreuende die Kinder im Parcours begleiten, ohne dass dies die Wertung verschlechtert. Gewertet werden je nach Ausschreibung entweder Stil des Teilnehmenden oder Fehler und Zeit. Ziel ist nicht maximale Leistung, sondern ein sicherer, freudiger Einstieg in das Springen.

SPRINGREITER-WETTBEWERB

Im Springreiter-Wettbewerb werden einfache Sprungfolgen mit grundlegenden dressurlichen Anforderungen kombiniert. Die Teilnehmenden absolvieren nacheinander Abschnitte eines leichten Parcours und kleine Dressurlektionen wie Übergänge oder einfache Bahnfiguren. Die Richter geben Anweisungen und bewerten vor allem die Gesamtwirkung: Sitz, Einwirkung, Linienführung und harmonisches Reiten des Parcours. Diese Prüfungsform dient als Bindeglied zwischen reinen Dressurwettbewerben und den ersten „richtigen" Springprüfungen.

Tipp

Trage beim Turnier stets ein passendes Outfit.

CAPRILLI-WETTBEWERB

Der Caprilli-Wettbewerb stammt aus dem Reitsport und verbindet eine Dressuraufgabe mit eingebauten Sprüngen. Die Teilnehmenden reiten eine vorgegebene Figurenfolge, in die mehrere niedrige Hindernisse integriert sind. Bewertet wird ausschließlich nach Wertnote, also nach Stil und korrekter Ausführung von Gangarten, Bahnfiguren und Sprüngen. Der Fokus liegt auf Rhythmus, Gleichgewicht und fließenden Übergängen zwischen Dressurarbeit und Sprung.

SPRINGEN LEICHT

Springen leicht

Die leichte Springprüfung stellt den Einstieg in die regulären Springklassen dar. Die Hindernisse sind moderat hoch, der Parcours enthält wenig komplexe Linien und höchstens eine einfache Kombination. Die Prüfung kann als Stilspringen, als Zeitspringen oder auch als Geländespringprüfung ausgeschrieben werden. Bewertet wird je nach Ausschreibung nach Wertnote, nach Fehlern und Zeit oder über Strafsekunden. Ziel ist es, eine saubere, rhythmische Runde über einfache Hindernisfolgen zu zeigen und erste taktische Entscheidungen zu treffen.

SPRINGEN MITTEL

Das Springen in der mittleren Klasse richtet sich an bereits erfahrene Hobby Horser. Die Hindernisse werden höher, der Parcours länger und technisch anspruchsvoller. Es sind Kombinationen vorgeschrieben – entweder zwei zweifache Kombinationen oder eine dreifache –, sodass Distanzen, Rhythmus und präzise Linienführung eine größere Rolle spielen. Auch diese Prüfungen können als Stil- oder Zeitspringen oder mit Strafsekunden ausgetragen werden. Wer hier startet, sollte sicher im Parcours unterwegs sein und sein Tempo bewusst steuern können.

SPRINGEN SCHWER

Die schwere Springprüfung ist die höchste Schwierigkeitsstufe im klassischen Parcoursspringen. Hier sind deutlich höhere Hindernisse sowie mindestens eine zweifache und eine dreifache Kombination vorgeschrieben. Kurze Distanzen, engere Wendungen und technisch anspruchsvolle Linien verlangen eine sehr gute Grundkondition, hohe Sprungkraft und ein präzises Distanzgefühl. Auch hier legt die Ausschreibung fest, ob der Schwerpunkt auf Stil, Geschwindigkeit oder einer Mischform liegt.

IDEALZEIT-SPRINGEN

Beim Idealzeit-Springen steht nicht die schnellstmögliche Zeit im Vordergrund, sondern das möglichst genaue Treffen einer vorher festgelegten Idealzeit. Die Veranstalter berechnen diese Zeit anhand eines „optimalen Tempos“

1

2

für den vorgegebenen Parcours. Wer mit möglichst wenigen Abweichungen – und idealerweise ohne Fehler – ins Ziel kommt, gewinnt. Übertreibt man das Tempo oder ist zu langsam, entstehen Strafsekunden, die die Platzierung beeinflussen. Diese Prüfungsart schult das Gefühl für Rhythmus und gleichmäßige Geschwindigkeit.

BARRIERE-SPRINGEN

Das Barriere-Springen ist ein Ausscheidungswettbewerb mit sukzessiv steigenden Höhen. Der Parcours besteht aus einer Reihe von hintereinander aufgebauten Hindernissen, deren Höhe von Runde zu Runde angehoben wird. Wer eine Runde fehlerfrei übersteht, qualifiziert sich für den nächsten Umlauf mit höheren Sprüngen. Nach und nach scheiden alle Teilnehmenden aus, bis nur noch eine Person übrig bleibt, die die höchste Höhe ohne Fehler überwinden konnte. Hier stehen Leistungsgrenze, Mut und Sprungkraft besonders im Mittelpunkt.

GLÜCKS-SPRINGEN

Beim Glücks-Springen zählt sowohl die Sprungleistung als auch ein wenig Zufall. Innerhalb einer vorgegebenen Zeit müssen die Teilnehmenden den ausgeschriebenen Parcours möglichst vollständig absolvieren. Für jedes überwundene Hindernis gibt es Punkte, bei fehlerfreiem Sprung mehr, bei Abwurf entsprechend weniger. Verweigerungen kosten Zeit, aber nicht zwangsläufig Punkte. Nach Ablauf der Zeit wird das noch gesprungene Hindernis vollendet, allerdings nicht mehr gewertet. Es gewinnt, wer am Ende die meisten Punkte aufweist; ist die Punktzahl gleich, entscheidet die Zeit. Das Glücks-Springen belohnt also sowohl taktisches Vorgehen als auch Mut zum zügigen Reiten.

1. Schräg über dem Sprung

2. Kurvenlage

Lockerer Zügel im Zeitspringen

PUNKTE-SPRINGEN

Auch im Punkte-Springen wird jeder Sprung mit Punkten belohnt, allerdings steigt die Punktzahl mit der Reihenfolge der Hindernisse: Das erste Hindernis bringt einen Punkt, das zweite zwei, das dritte drei und so weiter. Fehler an einem Hindernis führen dazu, dass für diesen Sprung keine Punkte vergeben werden. Häufig wird ein besonders anspruchsvoller Joker-Sprung angeboten, der doppelte Punktzahl einbringen kann – bei Fehler allerdings Punktabzug. Es gewinnt, wer die höchste Gesamtpunktzahl erreicht; bei Gleichstand entscheidet die Zeit. Diese Prüfungsart fordert kluge Entscheidungen: Sicherheit oder Risiko?

KNOCK-OUT-SPRINGEN

Beim Knock-Out-Springen treten immer zwei Teilnehmende gleichzeitig auf spiegelverkehrten oder identischen Parcours gegeneinander an. Beide absolvieren zur gleichen Zeit eine verkürzte Springstrecke; wer schneller und mit weniger Fehlern ins Ziel kommt, gewinnt dieses Duell und steigt in die nächste Runde auf. Der Wettbewerb läuft im K.O.-System, bis im Finale die Siegerin oder der Sieger ermittelt ist. Durch die direkte Gegenüberstellung entsteht eine besonders spannende Wettkampfsituation mit viel Publikumswirkung.

SYNCHRON-SPRINGEN

Das Synchron-Springen wird von Paaren geritten, die nebeneinander den gleichen Parcours überwinden. Ziel ist es, Sprünge und Linienführung möglichst gleichzeitig auszuführen. Die Richter vergeben pro Hindernis und Weg Punkte für die Synchronität: perfekte Gleichzeitigkeit wird am höchsten bewertet, Abweichungen führen zu Punktabzug. Kommt es zu Punktgleichheit mehrerer Paare, entscheidet die schnellere Zeit. Diese Prüfungsform eignet sich hervorragend für Showprogramme und schult Rhythmusgefühl, Abstimmung und Teamarbeit.

GRUPPEN-SPRINGEN

Beim Gruppen-Springen werden alle Teilnehmenden in mehrere Gruppen eingeteilt. Zunächst reiten alle Mitglieder einer Gruppe nacheinander denselben Parcours. Die jeweils Besten jeder Gruppe qualifizieren sich für eine gemeinsame Siegerrunde, in der erneut alle mit Null beginnt. Bewertet werden je nach Ausschreibung Stil, Fehler/Zeit oder Strafsekunden. Dieser Modus ermöglicht es, auch bei großen Starterfeldern eine spannende Finalrunde zu gestalten, in der die besten Gruppenvertreter direkt aufeinandertreffen.

MANNSCHAFTS-SPRINGEN

Das Mannschafts-Springen ist klassisch im Fehler/Zeit-Modus angelegt. Jede Mannschaft besteht aus drei oder vier Hobby Horsern, die nacheinander denselben Parcours reiten. In die Wertung fließen die Ergebnisse der besten drei Teammitglieder ein; ein eventuell vierter Startende zählt als Streichergebnis. Am Ende werden Fehlerpunkte und Zeiten der gewerteten Starts addiert. Es gewinnt die Mannschaft mit der geringsten Strafpunktzahl und der schnellsten Gesamtzeit. Teamgeist, Zuverlässigkeit und Nervenstärke sind hier entscheidend.

STAFETTEN-SPRINGEN

Beim Stafetten- oder Staffelspringen treten Gruppen von zwei bis fünf Hobby Horsern als „Springstaffel" an. Die Gesamtzeit läuft vom Start des ersten bis zum Ziel des letzten Teammitglieds. Zwischen den einzelnen Läufen findet eine definierte Wechselaktion statt, etwa ein Abklatschen oder das Übergeben eines Staffelstabes wie einer Gerte. Fällt der Staffelstab, muss er zuerst aufgehoben werden, bevor es weitergeht. Ein Sturz führt in der Regel zum Ausschluss der gesamten Gruppe. Strafsekunden kommen zu der gestoppten Zeit hinzu, sodass Sorgfalt und Tempo gleichermaßen wichtig sind.

1. Synchronspringen gelungen

2. Synchronspringen nicht ganz gelungen

1

2

1

2

1. Start – Angaloppieren

2. Stafetten-Springen

WAHL-SPRINGEN

Im Wahl-Springen steht dem Teilnehmenden der Weg durch den Parcours frei, solange alle Hindernisse mindestens einmal übersprungen werden. Reihenfolge und Linienführung können individuell gewählt werden. Hoch-Weit-Sprünge müssen jedoch in der ausgeschriebenen Richtung überwunden werden. Bewertet wird entweder nach Stil, nach Fehler/Zeit oder nach Strafsekunden, je nach Vorgabe. Diese Wettbewerbsform fördert Kreativität, Parcoursverständnis und taktisches Denken.

ZWEI-PHASEN-SPRINGEN

Das Zwei-Phasen-Springen gliedert den Parcours in zwei direkt aufeinanderfolgende Abschnitte. In der ersten Phase geht es vor allem darum, fehlerfrei zu bleiben. Gelingt dies, schließt sich nahtlos die zweite Phase an, in der Schnelligkeit und weiterhin fehlerfreies Springen gefragt sind. Wer in der ersten Phase einen Fehler macht, beendet seine Runde nach diesem Abschnitt und wird abgeklingelt. Die Zeitmessung beginnt an der Linie, die beide Phasen trennt, und endet im Ziel nach der zweiten Phase. Die Platzierung ergibt sich in der Regel aus Fehlern und Zeit der zweiten Phase.

SPRINGQUADRILLE

Die Springquadrille verbindet Elemente der Quadrille-Dressur mit Sprüngen. Mindestens vier Hobby Horser reiten gemeinsam eine choreografierte Darbietung, in der Formationen, Linien und Sprünge aufeinander abgestimmt sind. Die Hindernisse sind relativ niedrig, damit die Gruppe sicher synchron springen kann. Bewertet wird die Quadrille über eine A-Note für technische Ausführung, Haltung und Formationen sowie eine B-Note für Musikwahl, Gesamteindruck, Kostüm und Harmonie. Die Springquadrille eignet sich besonders für Showauftritte und Mannschaftsveranstaltungen.

VIELSEITIGKEITS-WETTBEWERB

Der Vielseitigkeits-Wettbewerb verbindet drei Disziplinen: eine Dressurprüfung, ein Stilspringen und ein Geländespringen. Für jede Teilprüfung erhält der Hobby Horser eine Platzierung oder Wertung; am Ende werden die Ergebnisse zusammengeführt, meist indem Platzierungen oder Noten addiert und gemittelt werden. Daraus ergibt sich die Gesamtplatzierung in der Vielseitigkeit. Ein Stechen kann zusätzlich in Form eines Zeitspringens durchgeführt werden. Diese Prüfungsform belohnt besonders vielseitige Sportlerinnen und Sportler, die in Technik, Stil, Kondition und Geländesicherheit überzeugen.

HOBBY-HORSING-HOCHSPRUNG

Der Hobby-Horsing-Hochsprung ist eine Spezialprüfung, bei der nur ein einzelnes Hochsprung-Hindernis im Mittelpunkt steht. In der einfachen Variante wird dieses Hindernis in festgelegten Schritten immer weiter erhöht; jede Person hat pro Höhe zwei Versuche und scheidet nach zwei Fehlversuchen aus. In der erweiterten Variante ist der Hochsprung Teil eines kleinen Parcours, der sich von Umlauf zu Umlauf steigert. Gewertet werden kann entweder nach absolut überwundener Höhe oder im Verhältnis zur Körpergröße, sodass auch kleinere Teilnehmende faire Chancen haben. Der Hochsprung macht deutlich sichtbar, welche Maximalhöhe ein Hobby Horser technisch und kraftmäßig bewältigen kann.

Diese große Bandbreite an Wettbewerbsarten ermöglicht es, Springprüfungen sehr gezielt an Zielgruppe, Ausbildungsstand und Veranstaltungsrahmen anzupassen – vom spielerischen Einstieg über taktisch geprägte Parcoursformen bis hin zum leistungsorientierten Hochsprung oder kompletten Vielseitigkeitswettbewerb.

GELÄNDESPRINGEN

Beim Geländespringen wird ein Parcours nicht auf einem klassischen Springplatz, sondern auf einer Strecke in natürlicher Umgebung absolviert – etwa über Feld- und Waldwege oder auf einer größeren Wiesenfläche. Die Hindernisse bestehen überwiegend aus Naturhindernissen oder fest wirkenden Sprüngen, die der Geländeumgebung angepasst sind. Bewertet wird in der Regel nach Fehlern und Zeit: Abwürfe, Verweigerungen oder Überschreiten der vorgegebenen Zeit führen zu Strafpunkten, die gemeinsam mit der benötigten Zeit über die Platzierung entscheiden. Diese Wettbewerbsform verbindet Ausdauer, Sprungtechnik und Orientierungsfähigkeit und vermittelt ein starkes „Cross-Country-Gefühl".

Hochsprung perfekt gelungen

VORGABEN BEI SPRINGPRÜFUNGEN

Technische Anforderungen, Regeln und Bewertungskriterien

Vorgaben bei Springprüfungen

Springprüfungen werden im Hobby Horsing nach Klassen eingeteilt und müssen dementsprechend bestimmte Vorgaben einhalten. Welche dies sind, erfährst du im folgenden Kapitel.

KLASSENEINTEILUNG NACH DEUTSCHEM HOBBY HORSING VERBAND

Springprüfungen im Hobby Horsing werden – wie im Reitsport – in verschiedene Klassen unterteilt, die sich hinsichtlich Schwierigkeit, Hindernishöhe, Anzahl der Sprünge und erlaubter Hindernisarten unterscheiden. Diese Klasseneinteilung stellt sicher, dass Teilnehmende altersgerecht gefördert werden, die Parcours angemessen aufgebaut sind und ein fairer sowie sicherer Wettbewerb stattfinden kann. Der Deutsche Hobby Horsing Verband (DtHHV) gibt dazu klare Leitlinien vor, die sowohl bei Turnieren als auch bei Meisterschaften verbindlich anzuwenden sind.
Ein zentraler Grundsatz betrifft die Zuordnung der Altersgruppen: Gerade bei jüngeren Sportlerinnen und Sportlern müssen körperliche Voraussetzungen, Schrittlängen, Koordinationsvermögen und Sicherheitsaspekte berücksichtigt werden. Deshalb ist es wichtig, dass Veranstalter schon bei der Ausschreibung klar angeben, welche Altersklasse in welcher Prüfung starten darf. Die Einteilung erfolgt dabei nicht nur nach Alter, sondern auch nach dem sportlichen Anspruch der jeweiligen Prüfung.

Tipp

Es gibt verschiedene Springklassen und Springprüfungen

Schöner Galopp

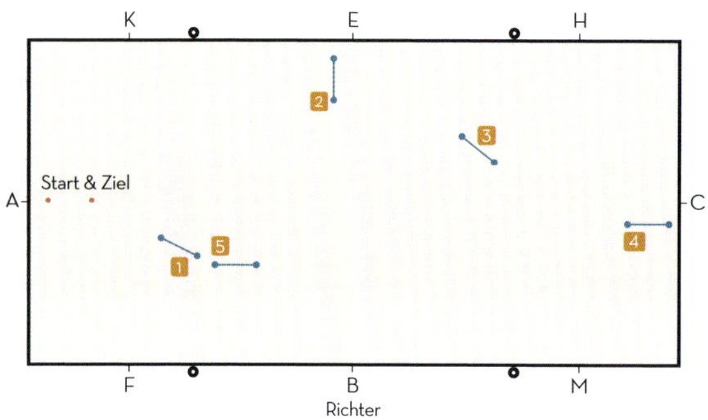

Leichtes Zeit- oder Idealspringen

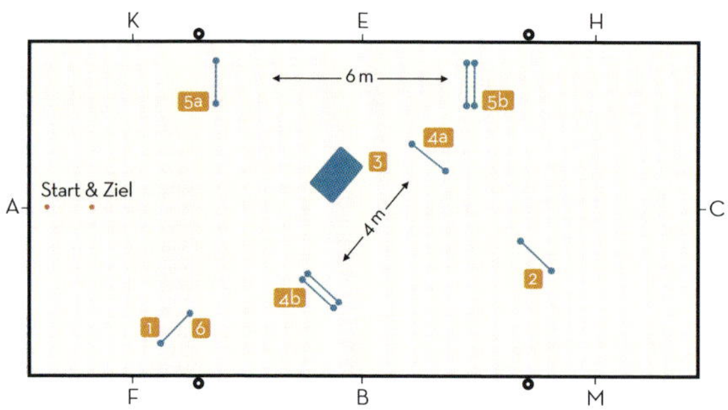

Zeit- oder Idealspringen mittel

HINDERNISHÖHEN, SPRUNGANZAHL UND OXER-TIEFE NACH KLASSEN

Die folgende Zusammenfassung bildet die offizielle Grundlage des DtHHV und beschreibt die strukturellen Vorgaben eines Parcours:

Junior-Spring-Wettbewerb

- Hindernishöhen: 10 – 25 cm
- Sprunganzahl: 4 – 6 Sprünge
- Oxer: nicht vorgesehen
- Wassergraben: nicht vorgesehen

Diese Klasse richtet sich an die jüngsten Teilnehmenden. Die Aufgaben sollen Mut, Rhythmusgefühl und Grundlagen vermitteln, ohne hohe technische Anforderungen zu stellen.

Springen leicht

- Hindernishöhen: 30 – 45 cm
- Sprunganzahl: 5 – 8 Sprünge
- Hindernistiefe Oxer: 15 – 20 cm
- Wassergrabenweite: 40 – 80 cm

Hier wird der Übergang von Grundtechniken zu anspruchsvolleren Kombinationen sichtbar. Erste Oxer sind erlaubt, ebenso moderate Grabenweiten.

Springen mittel

- Hindernishöhen: 50 – 65 cm
- Sprunganzahl: 7 – 10 Sprünge
- Hindernistiefe Oxer: 25 – 50 cm
- Wassergrabenweite: 80 – 120 cm

In dieser Klasse steigen sowohl die Sprunghöhen als auch die Komplexität des Parcours deutlich an. Die Wege werden anspruchsvoller, technische Linien und Kombinationen werden erwartet.

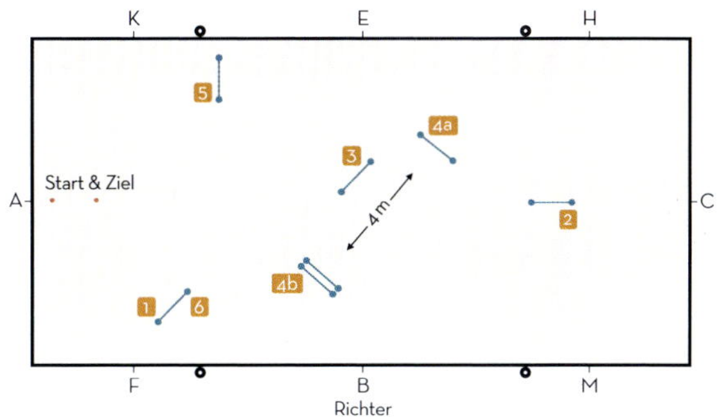

Zeitspringen mittel

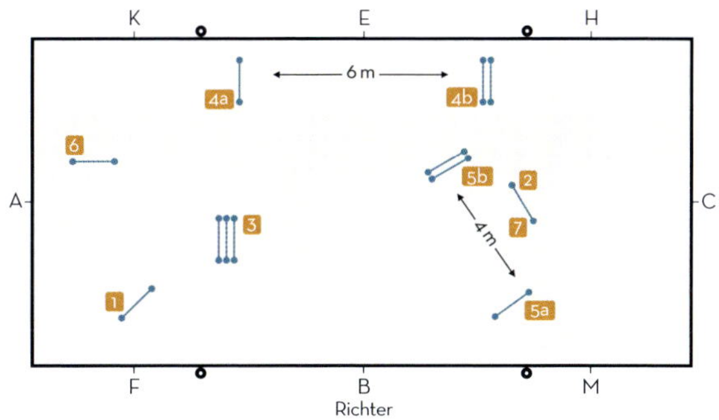

Stilspringen schwer

Springen schwer

- Hindernishöhen: ab 70 cm (nach oben offen)
- Sprunganzahl: mind. 9 Sprünge (nach oben offen)
- Hindernistiefe Oxer: ab 35 cm
- Wassergrabenweite: ab 130 cm (nach oben offen)

Die schwerste Klasse verlangt höchste technische, konditionelle und mentale Fähigkeiten. Große Weiten, komplexe Kombinationen und kraftintensive Hindernisse dominieren das Bild.

ERLAUBTE HINDERNISARTEN PRO KLASSE

Im Regelwerk des DtHHV ist festgelegt,welche Hindernisse in welcher Klasse erlaubt sind und welche zwingend im Parcours enthalten sein müssen. Die Vorgaben dienen der Vergleichbarkeit der Prüfungen und sorgen leistungsgerechte Anforderungen.

Junior-Spring-Wettbewerb

Erlaubte Hindernisse:
- Kreuz
- Steilsprung
- Mauer

Nicht erlaubt:
- Oxer
- Trippelbarre
- Wassergraben
- Kombinationen

Diese Klasse soll ausschließlich grundlegende Sprungarten vermitteln und darf keine schwierigen Hindernistypen enthalten.

Schöne Körperhaltung während des Sprungs

Springen leicht

Erlaubt (frei wählbar):
– Kreuz
– Steilsprung
– Mauer
– Oxer
– Wassergraben/Graben
– 2-fache Kombination (optional laut Verband)

Typische Parcours zeichnen sich durch geringe Komplexität aus, können aber erste Distanz- und Rhythmusaufgaben enthalten.

Springen mittel

Erlaubt:
– Kreuz
– Steilsprung
– Mauer
– Oxer
– Tripplebarre
– Wassergraben/Graben
– 2-fache Kombination (mindestens eine Kombination erforderlich)
– 3-fache Kombination (optional erlaubt)

Fortgeschrittene Parcours enthalten Linienwechsel, Kombinationen, variable Anläufe und technische Herausforderungen.

Springen schwer

Muss enthalten sein:
– mindestens eine Kombination (2-fach oder 3-fach)

Erlaubt (vollständiges Spektrum):
– Kreuz
– Steilsprung
– Mauer
– Oxer
– Trippelbarre
– Wassergraben/Graben
– 2-fache Kombination
– 3-fache Kombination

GELÄNDESPRINGEN UND NATURHINDERNISSE

Das Geländespringen gehört zu den abwechslungsreichsten und zugleich anspruchsvollsten Bereichen des Hobby Horsing. Anders als beim Springen in der Halle oder auf dem Reitplatz werden hier natürliche Gegebenheiten und unregelmäßige Untergründe genutzt, um vielseitige sportliche Herausforderungen zu schaffen. Naturhindernisse wie Baumstämme, Erdwälle oder Hecken erfordern nicht nur technische Sprungfähigkeit, sondern auch ein sensibles Gespür für Rhythmus, Balance und Bodenbeschaffenheit. Das Geländespringen verbindet athletische Leistung mit Naturerlebnis und verlangt von Hobby Horsing Sportlerinnen und Sportlern ein besonders hohes Maß an Aufmerksamkeit, Körperbeherrschung und situativer Anpassungsfähigkeit.
Ein wesentlicher Faktor im Gelände ist die Beschaffenheit des Bodens. Während in der Halle oder auf dem

Reitplatz ein kontrollierter, ebener Untergrund gegeben ist, verändern sich im Gelände die Bedingungen mit jedem Schritt. Grasflächen können rutschig sein, Waldböden können Wurzeln oder leicht nachgebende Bereiche aufweisen, und Wege können Unebenheiten, Steigungen oder Gefälle enthalten. Die Sportler müssen deshalb lernen, ihre Schrittfrequenz und Balance flexibel anzupassen. Schon kleine Veränderungen im Untergrund wirken sich auf die Stabilität des Absprungs und die Kontrolle in der Landung aus, weshalb besondere Aufmerksamkeit auf eine gut entwickelte Sprunggelenks- und Rumpfstabilität gelegt werden muss. Eine saubere Technik schützt in dieser Umgebung nicht nur vor Fehlern, sondern vor allem vor Verletzungen.

Naturhindernisse unterscheiden sich grundsätzlich von klassischen Turniersprüngen, da sie optisch und strukturell weniger einheitlich sind. Zu den häufigsten Geländehindernissen zählen Baumstämme, die in unterschiedlicher Höhe und Breite vorkommen können. Ihre feste Struktur sorgt für eine klare optische Begrenzung, jedoch auch dafür, dass sie nicht nachgeben, wenn der Sprung misslingt. Deshalb ist es besonders wichtig, Baumstämme im Gelände nur in geeigneter Höhe aufzubauen und festzustellen, dass sie nicht wegrollen können. Auch Blumenkästen, Holzkisten, Rohre, niedrige Hecken oder Zierelemente eignen sich als Geländehindernisse, sofern sie stabil stehen und keine scharfen Kanten besitzen. Geländehindernisse dürfen niemals

Hobby Horser in Action

Sprint zum nächsten Hindernis

Elemente enthalten, die bei einem Fehler zu Quetsch- oder Sturzgefahren führen könnten.
Ein besonderes Merkmal im Geländespringen sind Erdwälle und leichte Auf- oder Absprünge. Kleine natürliche Geländeformen wie Hügel oder Senken verändern die biomechanischen Anforderungen deutlich. Beim Bergaufspringen wird der Absprung steiler, die Sprungkurve kürzer und der Landepunkt höher gesetzt. Beim Bergabspringen dagegen verlängert sich die Landung, und der Körper muss stärker abfangen, um nicht nach vorne zu kippen. Diese Elemente fördern die Fähigkeit, sich schnell auf neue Situationen einzustellen, und schulen das Gleichgewicht auf dynamische Weise. Sportler lernen, ihren Körperschwerpunkt bewusst zu kontrollieren, was ihre Sicherheit auf unebenem Boden deutlich erhöht.
In dieser Klasse wird das gesamte Hindernisrepertoire ausgeschöpft. Der Parcours ist technisch anspruchsvoll und verlangt eine hohe Sprungkraft, Ausdauer und Linienführung. Da Naturhindernisse optisch weniger einheitlich sind als klassische Stangenhindernisse, spielt die visuelle Einschätzung im Gelände eine besonders große Rolle. Der Sportler muss häufig spontan entscheiden, welcher Anlauf sinnvoll ist und welchen Abstand er für den Absprung benötigt. Ungewohnte Formen, Farben oder Schatten können die Wahrnehmung zusätzlich beeinflussen. Deshalb ist Geländespringen nicht nur körperlich fordernd, sondern auch mental anspruchsvoll: Konzentration, Ruhe und ein fokussierter Blick sind entscheidend, um Unsicherheiten zu vermeiden. Ein klares Blickziel über das Hindernis hinweg hilft, die Körperspannung zu halten und die Flugphase stabil einzuleiten.

Auch die Linienführung unterscheidet sich stark vom Springen im Viereck oder auf dem Platz. Im Gelände sind die Wege oft natürlicher und weniger klar definiert. Die Linien können durch Bäume, Sträucher oder Geländestrukturen enger oder weiter werden, und es können kleine Kurven folgen, die rhythmisch anspruchsvoll sind. Hier zeigt sich, wie wertvoll ein gut entwickeltes Raumgefühl ist. Die Sportler lernen, mit dem Gelände zu arbeiten statt gegen es – der Untergrund wird Teil der Bewegung, und die Linienführung orientiert sich an natürlichen Gegebenheiten statt an festen Begrenzungen.

Ein weiterer wichtiger Aspekt beim Geländespringen ist das Thema Sicherheit. Anders als Turniersprünge geben Naturhindernisse in der Regel nicht nach. Deshalb müssen Veranstalter und Trainer besonders sorgfältig auswählen, welche Geländesprünge geeignet sind. Jeder Baumstamm, jede Hecke und jedes verdeckte Element muss stabil, gut sichtbar und eindeutig kontrollierbar sein. Unebenheiten im Anlauf oder in der Landezone sollten vorher ausgeglichen oder kenntlich gemacht werden. Auch die Umgebung muss beachtet werden: Gefährliche Ecken, tiefe Löcher oder rutschige Bereiche dürfen nicht Teil des Sprungbereichs sein. Geländetraining findet grundsätzlich mit reduzierten Höhen statt, um Risiken zu minimieren.

Für Anfänger bietet das Geländespringen eine hervorragende Möglichkeit, Mut, Gleichgewicht und Koordination zu schulen, während erfahrene Sportler hier ihre technische Vielseitigkeit erweitern. Besonders die Anpassung an wechselnde Bodenbedingungen fördert die Reflexe und stärkt die tiefe Muskulatur. Gleichzeitig macht das Springen in der Natur vielen Sportlern besonderen Spaß und motiviert sie, neue Herausforderungen anzunehmen. Der freie Bewegungsraum schafft ein Gefühl von Abenteuer und Leichtigkeit, das das Geländespringen zu einer wertvollen Erweiterung des klassischen Springtrainings macht.

Zusammenfassend verbindet das Geländespringen technische Anforderungen mit natürlicher Bewegungsfreude. Es schult Anpassungsfähigkeit, Körperspannung, Mut, Wahrnehmung und Koordination in einzigartiger Weise. Wer im Gelände sicher springt, entwickelt ein besonders tiefes Verständnis für den eigenen Körper, für Rhythmus und Balance und profitiert davon in allen anderen Springdisziplinen. Voraussetzung bleibt jedoch stets ein verantwortungsbewusster Umgang mit Hindernissen und eine sorgfältige Sicherheitsbewertung durch Trainer und Veranstalter.

Tipp

Eine saubere Linienführung ist der Erfolg für einen guten Absprung.

BEWERTUNGSKRITERIEN UND RICHTVERFAHREN

Transparente Beurteilung von Technik, Rhythmus und Ausführung

Bewertungskriterien und Richtverfahren

Hobby Horsing hat sich in den letzten Jahren von einem spielerischen Bewegungstrend zu einer ernst zu nehmenden Sportart entwickelt, die klare Strukturen, verbindliche Regeln und ein einheitliches Bewertungsverfahren benötigt.

Wie in jeder sportlichen Disziplin sind transparente Turnierordnungen entscheidend, um Fairness, Sicherheit und Vergleichbarkeit zu gewährleisten. In Deutschland ist die Entwicklung im Bereich der offiziellen Regelwerke aktuell besonders dynamisch, da sowohl traditionelle Verbände als auch spezialisierte Organisationen an der Professionalisierung dieser Sportart arbeiten.

REGELWERKE

Aktuell existieren in Deutschland zwei zentrale Regelwerke, die sich auf Hobby Horsing Turniere auswirken:

1. Die Wettbewerbsordnung (WBO) der Deutschen Reiterlichen Vereinigung (FN)

2. Das offizielle Regelwerk des Deutschen Hobby Horsing Verbandes (DtHHV)

Beide Dokumente erfüllen unterschiedliche Zwecke, weisen jedoch Überschneidungen in grundlegenden Strukturen wie Bewertungssystemen, Prüfungsarten und Sicherheitsrichtlinien auf.

DIE AUFNAHME VON HOBBY HORSING IN DIE WBO DER FN

Ein bedeutender Schritt für die Anerkennung von Hobby Horsing war die offizielle Aufnahme in die Wettbewerbsordnung (WBO) der FN. Damit wurde Hobby Horsing auf eine Ebene mit klassischen Breitensportwettbewerben des Reitsports gestellt.

Hobby-Horse-Stall und Pferde von byAstrup

Die WBO 2024 enthält die ersten grundlegenden Richtlinien zu Dressur- und Springprüfungen im Hobby Horsing. Dieser Schritt erleichtert es Reitvereinen und Veranstaltern, Hobby Horsing Wettbewerbe regulär anzubieten. Gleichzeitig zeigte sich jedoch, dass die erste Version der FN-Regelungen noch viele Lücken enthält und nicht alle Anforderungen und Besonderheiten des Hobby Horsings vollständig abbildet. Besonders im Bereich der Bewertung, der Ausrüstung und der Prüfungsdurchführung war eine klarere Struktur nötig.

Parcoursbegehung mit dem Richter

DAS ERSTE OFFIZIELLE REGELWERK DES DTHHV

Um genau diese Lücken zu schließen, veröffentlichte der Deutsche Hobby Horsing Verband (DtHHV) im Juli 2024 sein erstes umfassendes Regelwerk. Dieses Dokument ist deutlich detaillierter als die WBO und bildet die Sportart in ihrer tatsächlichen Praxis ab.

Das DtHHV-Regelwerk legt besonderen Wert auf:

– klare Bewertungskriterien,
– transparente Abläufe,
– einheitliche Sicherheitsstandards,
– nachvollziehbare Richtverfahren,
– altersgerechte Klassen und Hindernisvorgaben,
– Regeln für Turnierorganisation und Parcoursaufbau.

Damit bildet es derzeit das vollständigste und praxisnaheste Regelwerk für Hobby Horsing Turniere in Deutschland. Für Veranstalter, Richter und Teilnehmende bedeutet es vor allem eines: einheitliche, faire und leicht nachvollziehbare Abläufe.

Zweifache Kombination

BEWERTUNGSKRITERIEN UND RICHTVERFAHREN IM SPRINGEN

Je nach Prüfungsart wird im Springen nach unterschiedlichen Bewertungsverfahren gerichtet. Folgende Richtarten sind offiziell anerkannt:

1. Springen nach Wertnote (Stilspringen)

Hier steht nicht die Geschwindigkeit im Vordergrund, sondern die technische Ausführung.

Bewertet werden:

– aufrechte, stabile Körperhaltung,
– ruhige Arme und korrekte Zügelführung,
– klar erkennbarer Galopp,
– sauberer, richtiger Absprung,
– ruhige Linienführung ohne Abkürzen,
– gerade Wege vor und nach dem Sprung,
– mittiger Sprungverlauf über das Hindernis.

Die Wertnote liegt zwischen 0 und 10,0, mit einer Dezimalstelle.

Fehler beeinflussen die Note:

– Abwurf: –0,5
– Erste Verweigerung: –0,5
– Zweite Verweigerung: –0,5
– Dritte Verweigerung: Disqualifikation

Stilspringen betont Eleganz, Kontrolle und Technik.

2. Springen nach Fehler/Zeit (klassisches Zeitspringen)

Hier entscheiden Tempo und Fehlerfreiheit. Es gewinnt, wer am schnellsten ohne Fehler bleibt.

Fehlerwertung:

– Abwurf: 4 Fehlerpunkte
– Gangartfehler: 1 Fehlerpunkt
– Erste Verweigerung: 4 Fehlerpunkte
– Zweite Verweigerung: 4 Fehlerpunkte
– Dritte Verweigerung: Disqualifikation

Ist eine erlaubte Höchstzeit angegeben, gilt:

– Überschreiten = 0,25 Fehlerpunkte pro angefangener Sekunde

Zeitspringen erfordert Mut, Geschwindigkeit und taktisches Denken.

Sprung über die Mauer

3. Springen nach Strafsekunden

Hier wird nicht mit Punkten gerechnet, sondern mit Strafzeit. Fehler wie Abwürfe, Verweigerungen oder ein fehlender Galopp werden in zusätzliche Sekunden umgerechnet.

– Abwurf = +4 Sekunden
– Erste und zweite Verweigerung: jeweils 4 Sekunden
– Dritte Verweigerung: Disqualifikation
– Gangartfehler: 0,5 Sekunden

4. Wertung im Verhältnis (Hochsprung)

Beim Hobby Horsing Hochsprung gibt es zwei Wertungsvarianten:
1. Absolute Höhe – wer die höchste Höhe überspringt, gewinnt.
2. Verhältnis zur Körpergröße – um das Verhältnis zu berechnen, wird die Sprunghöhe mit 100 multipliziert und durch die Körpergröße geteilt (Höhe × 100 ÷ Körpergröße).

Dies sorgt dafür, dass auch kleinere Sportler faire Chancen haben. Wichtig: Das Hobby Horse bleibt immer zwischen den Oberschenkeln.

5. Mannschaftsspringen

Mehrere Teammitglieder absolvieren nacheinander denselben Parcours.

Gewertet werden:
– Gesamtzeit des Teams,
– Fehlerpunkte,
– korrekte Stabübergabe oder Abklatschen.

Der Teamgedanke macht diese Prüfungsart besonders spannend.

TURNIERORDNUNG

Eine Turnierordnung definiert alle Rahmenbedingungen für die Durchführung eines Hobby Horsing Turniers.

Dazu gehören:
– Klasseneinteilung
– Hindernisbegrenzungen
– Sicherheitsvorschriften
– Regeln zur Ausrüstung
– Beschaffenheit der Böden
– Bewertungskriterien
– Parcoursvorgaben
– Rechte und Pflichten der Teilnehmenden
– Aufgaben der Richter
– Vorgaben zum Ablauf

Die Turnierordnung ist somit das Herzstück jeder Veranstaltung und bildet die Grundlage für faire sportliche Bedingungen.

WAS IST EINE AUSSCHREIBUNG?

Die Ausschreibung ist das wichtigste Dokument eines Turniers. Sie ist gleichzeitig:

– Einladung,
– Informationsblatt,
– Regelwerk,
– Zeitplan,
– Anmeldeunterlage.

Sie beschreibt alle organisatorischen und sportlichen Details einer Veranstaltung.

WAS STEHT IN EINER AUSSCHREIBUNG?

Eine vollständige Ausschreibung enthält:

– Datum, Uhrzeit und Ort der Veranstaltung,
– Veranstalter, Kontaktpersonen,
– Nennschluss (Anmeldefrist),
– Übersicht aller Wettbewerbe und Klassen,
– Startgeld und Zahlungsmodalitäten,
– Teilnehmerbegrenzungen,
– Kleidungsvorgaben und Sicherheitsregeln,
– verwendetes Regelwerk (DtHHV, WBO oder Mischform),
– Hinweise zu Foto- und Datenschutz,
– detaillierte Beschreibung der Prüfungen,
– ggf. Parcourspläne,
– Nennformular.

Die Ausschreibung ist verbindlich. Wer meldet, bestätigt automatisch, dass er die Bedingungen akzeptiert. Lese Ausschreibungen daher immer sorgfältig durch.

Parcours mittel

WIE LIEST MAN EINE AUSSCHREIBUNG RICHTIG?

Eine Ausschreibung wirkt manchmal komplex. Mit ein wenig Übung kann man sie problemlos verstehen.

1. Datum, Ort und Nennschluss prüfen
Kannst du am Termin teilnehmen? Schaffst du die Anmeldung rechtzeitig?

2. Passende Wettbewerbe auswählen
Achte auf Altersklassen und Schwierigkeitsgrad.

3. Grundregeln lesen
Kleidung, Ausrüstung, Starterbegrenzung, Sicherheit

4. Bewertungskriterien ansehen
Stilspringen? Zeitspringen? Wertnote?

5. Anmeldung sorgfältig ausfüllen
Alles vollständig eintragen – und Startgeld fristgerecht bezahlen.

Die Ausschreibung ist deine „Landkarte“ für das ganze Turnier.

FAZIT

Turnierordnungen und Regelwerke bilden das Fundament eines fairen und professionell organisierten Hobby Horsing Turniers.
Die Kombination aus WBO und dem detaillierten DtHHV-Regelwerk schafft klare Strukturen, einheitliche Bewertungssysteme und nachvollziehbare Abläufe – sowohl für Anfänger als auch für erfahrene Sportlerinnen und Sportler.
Eine gut verständliche Ausschreibung sorgt dafür, dass alle Teilnehmenden wissen, was sie erwartet, und sich optimal vorbereiten können. Zusammen ermöglichen Ordnung, Regeln und transparente Bewertungsverfahren, dass Hobby Horsing nicht nur emotional und kreativ, sondern auch sportlich fair und sicher ausgeübt wird.

Zeitspringen

ALLE WICHTIGEN TURNIER-REGELN – GANZ EINFACH ERKLÄRT!

Kindgerechte Version

Damit ein Hobby-Horsing-Turnier fair, sicher und für alle schön wird, gibt es bestimmte Regeln. Keine Sorge – die meisten sind ganz leicht zu merken. Hier findest du alle wichtigen Turnierregeln kurz und kindgerecht erklärt.

Die Ausschreibung – dein Turnierplan

Die Ausschreibung ist wie eine Schatzkarte fürs Turnier.

Darin steht:
– wann und wo das Turnier ist,
– bis wann du dich anmelden musst,
– welche Wettbewerbe es gibt,
– wie alt du für die Prüfungen sein musst,
– welche Kleidung erwünscht ist,
– welche Regeln gelten.

Wenn du eine Ausschreibung liest, weißt du ganz genau, was dich erwartet.

Kleidung und Ausrüstung

Damit du dich gut bewegen kannst:
– trage Sportkleidung (Leggings, T-Shirt, Turnschuhe),
– keine Sandalen, Flipflops oder Stiefel,
– lange Haare bitte zusammenbinden,
– Schmuck ablegen (Ohrringe, Ketten).
– Dein Hobby Horse sollte sicher gebaut sein.

So kannst du schnell, sicher und ohne Stolperfallen laufen und springen.

Der Parcours

Der Parcours ist der Weg, den du springen musst.

Auf dem Parcoursplan siehst du:
– alle Hindernisse,
– ihre Reihenfolge,
– Start- und Zielpunkt,
– die Richtung der Sprünge (meist mit Pfeilen).

Die Hindernisse haben Nummern: 1, 2, 3 ... und Kombinationen heißen z. B. 5a – 5b.

Die Richter

Richter passen auf, dass alles fair abläuft.

Sie achten darauf:
– ob du die Sprünge richtig machst,
– wie gut deine Linienführung ist,
– ob du sauber galoppierst,
– ob du Hindernisse abwirfst,
– ob du richtig startest und beendest.

Wichtig: Alle werden gleich behandelt!

Sprung über einen Oxer

Einfacher Steilsprung

ARTEN, WIE BEWERTET WIRD

Es gibt verschiedene Bewertungsarten:

Stilspringen

Hier zählt, wie schön und sauber du springst.

Die Richter achten auf:

- Körperhaltung,
- ruhige Arme,
- schönen Galopp,
- sauberen Absprung,
- gerade Linien,
- mittig über das Hindernis.

Du bekommst am Ende eine Wertnote von 5,0 – 10,0.

Zeitspringen

Hier zählt deine Zeit.

Wichtig:

- keine Fehler → du bist weit vorne
- Abwurf = 4 Fehlerpunkte
- Verweigerung = 4 Fehlerpunkte
- zu langsam → kleine Strafpunkte

Es gewinnt, wer schnell UND fehlerfrei ist.

Springen nach Strafsekunden

Fehler machen deine Zeit länger.

Beispiel:

Abwurf = +3 Sekunden auf deine Zeit.

Hochsprung

Du springst über ein einziges Hindernis, das immer höher gestellt wird.

- Du hast zwei Versuche pro Höhe.
- Wer am höchsten kommt, gewinnt!
- Der Weltrekord liegt bei 152 cm

Mannschaftsspringen

Ihr springt als Team nacheinander.

- Zeit + Fehler zählen gemeinsam.
- Es gibt eine Stabübergabe oder ein Abklatschen.
- Die schnellste, fehlerärmste Mannschaft gewinnt.

Teamgeist ist hier super wichtig!

Allgemeine Hinweise:

- nicht zu nah an fremde Starter laufen,
- kein Rennen in der Warteschlange,
- keine Hindernisse anfassen oder verschieben,
- nicht über Hindernisse springen, die nicht zum Parcours gehören,
- Hobby Horse gut festhalten,
- bei Verletzung oder Problem sofort melden.

Fairplay

Fairness ist im Hobby Horsing das Allerwichtigste.

Das bedeutet:

- niemanden auslachen
- niemanden drängeln
- nicht schummeln
- jeden respektieren
- freundlich sein – auch, wenn du aufgeregt bist

Fairplay macht dich zu einem echten Sportler!
Und das Wichtigste: Hab Spaß!

Turniere sind dafür da, dass du zeigen kannst, was du gelernt hast – und dass du Freude hast!

- Freu dich über kleine Fortschritte.
- Feiere deine Erfolge.
- Sei stolz auf dich – egal, welche Platzierung rauskommt.

Alle Teilnehmenden sind Gewinner, wenn sie mutig waren und ihr Bestes gegeben haben.

Geschicklichkeits-parcours

HOBBY HORSING FÜR DIE KLEINSTEN

JAKO

PÄDAGOGISCHER EINSTIEG IN BEWEGUNG UND SPORT

Ganzheitliche Förderung motorischer und sozialer Kompetenzen

Ein pädagogisch wertvoller Einstieg in Bewegung und Sportlichkeit

Hobby Horsing ist längst nicht nur ein Trend für große Kinder oder Jugendliche – es eignet sich auch hervorragend für die Kleinsten. Schon Kinder ab etwa drei Jahren können spielerisch in die Welt der Steckenpferde eintauchen und erste Erfahrungen mit Rhythmus, Koordination, Fantasie und Körperwahrnehmung sammeln.

Die moderne Hobby-Horsing-Welt bietet mittlerweile für jedes Alter passende Pferdegrößen, leichtes und sicheres Material sowie kindgerechte Übungsformen, die weit mehr sind als nur Spiel: Sie sind motorisch wertvoll, fördern soziale Kompetenzen und unterstützen eine gesunde körperliche Entwicklung.

DAS RICHTIGE HOBBY HORSE FÜR KLEINE KINDER

Damit die Jüngsten sicher und mit Freude teilnehmen können, ist die Wahl eines passenden Hobby Horses entscheidend. Verschiedene Hersteller – darunter LarDen Hobby Horse, einer der ersten, der Modelle speziell für Kleinkinder entwickelte – bieten unterschiedliche Größen für verschiedene Altersstufen an.

Hobby Horser im Geschicklichkeits-Parcours

Die unterschiedlichen Größen von Hobby Horses im Detail

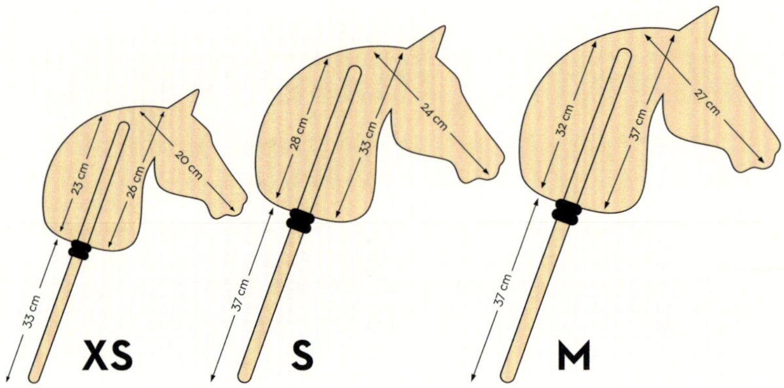

Hier sieht man die Größenunterschiede sehr deutlich.

Größe XS (für die ganz Kleinen)

- Rumpfhöhe: 26 cm
- Kopflänge: 20 cm
- Stablänge ab Hals: 33 cm

Größe S

- Rumpfhöhe: 33 cm
- Kopflänge: 24 cm
- Stablänge ab Hals: 37 cm

Größe M

- Rumpfhöhe: 37 cm
- Kopflänge: 27 cm
- Stablänge ab Hals: 37 cm

Je kleiner das Kind, desto kürzer sollte der Stab sein – denn ein zu langer Stab kann beim Reiten und Springen hängen bleiben und das Kind aus dem Gleichgewicht bringen. Auch das Gewicht spielt eine große Rolle: Leichte Köpfe lassen sich leichter führen, vermitteln aber dennoch ein realistisches Reitgefühl. Für Turniere muss das Hobby Horse mindestens 300 Gramm schwer sein, inkl. Zaumzeug.

Für jede
Größe das passende
Hobby Horse

ALTER, KÖRPERGRÖSSE UND SICHERHEITSASPEKTE

Ein zu langes oder zu schweres Hobby Horse erschwert nicht nur die Bewegung, sondern kann kleine Kinder schnell frustrieren oder gefährden.

Vorgaben im Regelwerk:
– Stablänge: mindestens 25 cm, maximal bis knapp hinter dem Gesäß
– Gewicht: mindestens 300 g
– Sicherheit: keine scharfen Kanten, keine festen Halfter/Trensen
– Zubehör: wechselbares Halfter/ Trense ist Pflicht

Gerade für die Kleinsten gilt: Sicherheit geht immer vor. Ein gut ausbalanciertes Hobby Horse unterstützt die natürliche Bewegung und verhindert Stolperfallen.

Empfehlungen nach Alter

3 – 6 Jahre
– maximal 500 g
– Stablänge 26 – 30 cm
– wechselbare Trense
– Empfehlung: Modell XS

6 – 9 Jahre
– bis 600 g
– Stablänge 30 – 35 cm
– Größe XS oder S

10 – 12 Jahre
– stabilere Modelle S oder M
– Stablänge 33 – 37 cm

Ab 12 Jahren
– Modell M
– flexibles Zubehör für verschiedene Disziplinen

WOFÜR BRAUCHE ICH MEIN HOBBY HORSE?

Kinder nutzen Hobby Horses auf unterschiedliche Weise, und jede davon fördert andere Fähigkeiten.

Rollenspiel & Fantasie:

Hier steht das Eintauchen in eigene Welten im Vordergrund. Kinder reiten durchs Kinderzimmer, pflegen ihr Hobby Horse, erfinden eigene Geschichten und bauen emotionale Verbindungen auf. Pädagogisch wertvoll ist dabei vor allem die Förderung von Kreativität, Sprache, Rollenverständnis und sozialem Spielen.

Dressur:

Größere, formstabile Köpfe fördern eine ruhige Handführung und ein gleichmäßiges Bewegungsmuster. Kinder lernen, Bewegungen bewusst zu führen, und entwickeln Körperspannung.

Springen:

Hier sind Leichtigkeit und Wendigkeit wichtig. Ein passender Stab sorgt dafür, dass das Kind sicher springen kann, ohne hängen zu bleiben. Früh üben Kinder das Abstoppen, Abspringen und Landen – wichtige koordinative Grundfertigkeiten.

Hobby Horses von byAstrup sind leicht und klein.

1

2

1. Ein schweres Pferd ist eher hinderlich.

2. Die Kleinen lernen oft von den Größeren.

Western:
Kompakte Kopfformen vermitteln Stabilität. Das Spiel mit Lassos, Ranch-Szenen oder Trails fördert Fantasie und motorische Geschicklichkeit gleichermaßen.

PÄDAGOGISCHER WERT: WARUM HOBBY HORSING PERFEKT FÜR KLEINE KINDER IST

Für Kinder unter 6 Jahren ist Hobby Horsing weit mehr als ein Sport. Es ist ein motorisches, soziales und emotionales Entwicklungsfeld, in dem sie wachsen können.

Förderung der Motorik

Durch Springen, Laufen und Balancieren werden …
- Grobmotorik,
- Gleichgewicht,
- Koordination,
- Rhythmusgefühl,
- seitliche Beweglichkeit

… stark geschult. Viele dieser Fähigkeiten sind Grundlagen für späteres Sporttreiben.

Kognitive Entwicklung

Kinder müssen Hindernisse einschätzen, Wege planen und Bewegungen kontrollieren. Sie lernen:
- einfache Regeln zu beachten,
- sich an Abfolgen zu erinnern,
- Entscheidungen zu treffen,
- Probleme selbstständig zu lösen.

Dies entspricht vielen Zielen moderner Frühpädagogik.

Emotional-soziale Entwicklung

Hobby Horsing fördert:
- Empathie (Pflege des Steckenpferds)
- Verantwortungsbewusstsein
- Teamfähigkeit
- Selbstbewusstsein
- Durchhaltevermögen

Viele Kinder identifizieren sich stark mit ihrem Hobby Horse – was ein wertvoller pädagogischer Zugang sein kann. Das Hobby Horse wird nicht nur als Sportgerät erlebt, sondern als Teil der eigenen Rolle im Training und im Wettbewerb.

1

2

1. Hobby Horser richtet den Schopf seines Hobby Horses (Rollenspiel).
2. Hobby Horser im Geschicklichkeitsparcours

Fantasie & Rollenspiel

Mit Putzkoffer, Stall, Leckerlies und Zubehör werden Kinder kreativ. Sie:
– imitieren Reitsituationen,
– schlüpfen in Rollen,
– üben Sprache und Kommunikation,
– entwickeln eigene Geschichten.

Dies ist besonders wertvoll in der Vorschulerziehung.

Bewegungsparcours für die Kleinsten

Kindgerechte Parcours helfen, Bewegungen spielerisch zu trainieren. Geeignete Elemente sind:
– Slalomlauf
– Wippe
– Balancierstange
– Mini-Cavaletti
– niedriger Steilsprung
– niedriges Kreuz
– kleiner Oxer mit ganz geringer Tiefe

Die Kinder üben spielerisch Beweglichkeit, Gleichgewicht, Kraftdosierung und Raumgefühl – ohne Leistungsdruck. Besonders beliebt sind Geschicklichkeitsparcours, da sie Spaß, Bewegung und kleine Erfolgserlebnisse kombinieren.

Synchronspringen – ein Highlight für Kindergruppen

Kleine Kinder LIEBEN Synchronspringen. Warum?
– Sie bewegen sich gemeinsam.
– Sie üben Gleichschritt.
– Sie lernen Teamwork.
– Sie freuen sich, wenn sie gleichzeitig springen.
– Sie erleben gemeinsame Erfolgsmomente.

Diese Form des Trainings ist gleichzeitig motorisch wertvoll und sozial fördernd.

Zubehör für die Kleinsten

Für die Jüngsten gibt es inzwischen:

- Putzkoffer
- Bürsten in Mini-Größen
- Futter aus Filz und Holz
- kleine Ställe oder Boxen
- Halfter, Führstricke und Zügel
- bunte Accessoires

Im Spiel lernen Kinder:

- welche Bürste wofür ist,
- wie Pferdepflege funktioniert,
- was zu einem Stall gehört,
- wie man ein Hobby Horse stabil zwischen den Beinen hält,
- wie man Verantwortung übernimmt.

All das macht Hobby Horsing zu einem pädagogischen Gesamterlebnis.
Hobby Horsing ist für die Kleinsten ein idealer Einstieg in Bewegung, Sport und Fantasie. Es verbindet motorische Förderung, pädagogische Werte und spielerisches Lernen auf einzigartige Weise. Mit kindgerechtem Material, sicheren Parcours und viel Raum für Kreativität kann Hobby Horsing bereits im Vorschulalter eine wunderbare Bereicherung sein – für Körper, Geist und Herz. Hier haben die Kinder Spaß beim Sport.

1. Hobby Horser beim Synchronspringen
2. Hobby Horser beim Rollenspiel

1

2

SERVICE

Danksagung

Mein herzlichster Dank gilt den Protagonistinnen des **TSV Zornheim 1895 e. V.** sowie des **Hobby Horsing Club Kaiserstuhl**. Durch eure Offenheit, eure Begeisterung und euren großartigen Einsatz vor der Kamera habt ihr dieses Buchprojekt mit Leben gefüllt. Eure Fotos verleihen den Inhalten Authentizität, Ausdruckskraft und eine besondere Nähe zur Praxis – dafür danke ich euch von Herzen.

Ein besonderer Dank gilt **Alexa Dilger**, die die Protagonistinnen während des gesamten Fotoshootings begleitet und betreut hat. Mit großem Engagement, Professionalität und viel Einfühlungsvermögen hast du für eine angenehme, strukturierte und zugleich konzentrierte Atmosphäre gesorgt. Diese positive Stimmung spiegelt sich deutlich in den entstandenen Bildern wider und war ein wichtiger Baustein für das Gelingen des Shootings.

Ebenso danke ich dem **SV Hecklingen 1929 e. V.** ganz herzlich dafür, dass wir eure Sportanlage als Foto-Kulisse nutzen durften. Die Umgebung bot ideale Voraussetzungen für vielfältige und aussagekräftige Aufnahmen und hat maßgeblich zur visuellen Qualität des Buches beigetragen.

Ein ganz besonders großes Dankeschön geht an **Tina Gardt**. Deine Unterstützung in zahlreichen Arbeitsschritten dieses Buchprojekts war von unschätzbarem Wert. Mit deiner fachlichen Kompetenz, deinem kritischen Blick und deinem unermüdlichen Einsatz hast du das Projekt inhaltlich wie strukturell entscheidend mitgetragen.

Ebenso danke ich **Yvonne Yundt** herzlich für die sorgfältige und gewissenhafte inhaltliche Prüfung. Dein Feedback und deine fachlichen Hinweise haben wesentlich zur Qualität und Klarheit der Inhalte beigetragen.

Ein besonderer Dank gilt außerdem **byAstrup**, einer dänischen Marke für hochwertige, nachhaltige und stilvolle Kinderprodukte im skandinavischen Design. Durch die großzügige Bereitstellung zahlreicher Hindernisse und Zubehörteile wurde das Fotoshooting enorm bereichert. Dank eurer großartigen Produkte konnten wir viele abwechslungsreiche, realitätsnahe und ausdrucksstarke Szenen fotografisch umsetzen.

Nicht zuletzt danke ich **LarDen Hobby Horse** für die großartige Unterstützung dieses Projekts. Euer Beitrag hat das Buch in wertvoller Weise ergänzt und das Fotoshooting zusätzlich bereichert.

Dieses Buch ist das Ergebnis gemeinsamer Arbeit, gegenseitiger Unterstützung und geteilter Leidenschaft. Danke an euch alle, dass ihr dieses Projekt möglich gemacht habt.

NÜTZLICHE ADRESSEN

Deutscher Hobby Horsing Verband e. V. (DtHHV)
Geschäftsstelle
Postfach 1507
37520 Osterode am Harz
E-Mail: geschaeftsstelle@dthhv.de
Webseite: www.dthhv.de

Hobby Horsing Magazin
Redaktion
Altweg 114
79356 Eichstetten
E-Mail: redaktion@hobby-horsing-magazin.de
Webseite: www.hobby-horsing-magazin.de

Hobby Horsing Germany
Deutschlands Nr. 1 für Hobby Horsing
Verzeichnis für Veranstaltungen, Vereine und Infos
E-Mail: admin@hobby-horsing-germany.de
Webseite: www.hobby-horsing-germany.de

Register

BILDNACHWEIS

141 Farbfotos wurden von Horst Streitferdt/KOSMOS für dieses Buch aufgenommen.
Weitere Fotos sind von LarDen Hobby Horse (S. 134), Shutterstock (S. 18).
Mit 28 Farbillustrationen von Atelier Krohmer nach Vorlagen von Andreas Karasek.

IMPRESSUM

Umschlaggestaltung von Gramisci Editorialdesign/Isabelle Fischer, München unter Verwendung von Farbfotos von Horst Streitferdt/KOSMOS.

145 Farbfotos und 28 Farbillustrationen

Unser gesamtes Programm finden Sie unter **kosmos.de.**
Über Neuigkeiten informieren Sie regelmäßig unsere Newsletter, einfach anmelden unter **kosmos.de/newsletter**

Gedruckt auf chlorfrei gebleichtem Papier

ISBN 978-3-440-18351-9
Redaktion: Alexandra Haungs
Gestaltungskonzept: GRAMISCI Editorialdesign, München
Gestaltung und Satz: Atelier Krohmer, Dettingen/Erms
Produktion: Claudia Frank
Druck und Bindung: Westermann Druck Zwickau GmbH, Zwickau
Printed in Germany / Imprimé en Allemagne

FSC
www.fsc.org
MIX
Papier | Fördert gute Waldnutzung
FSC® C110508